叢書・ウニベルシタス　945

ガリレオの振り子

時間のリズムから物質の生成へ

ロジャー・ニュートン
豊田 彰 訳

法政大学出版局

Roger G. Newton
Galileo's Pendulum

Copyright © 2004 by the President and Fellows of Harvard College

This translation published by arrangement with Harvard University Press through The English Agency (Japan) Ltd.

自分の時間が始まったばかりのベンジャミンへ

目　次

はしがき ……………………………………………………………… vii

序　章 …………………………………………………………… 1

1　生物が記録する時間＊身体のリズム ……………………… 5

2　カレンダー＊さまざまなドラマーたち …………………… 27

3　初期の時計＊手作りのビート ……………………………… 39

4　振り子時計＊自然のビート ………………………………… 53

5　その後の時計＊どこにいてもわかる時間 ………………… 73

6　アイザック・ニュートン＊振り子の物理学 ……………… 93

7　音と光＊どこにもある振動 ………………………………… 109

8　量　子＊振動子が粒子を作る ……………………………… 137

原　注 ………………………………………………… 155
参考文献 ……………………………………………… 157
図版の出所 …………………………………………… 161
訳者あとがき ………………………………………… 163
索　引 ………………………………………………… 165

はしがき

　この本は古代史と現代科学の両方を取り上げる。主題がギリシア神話にあるわけではないが，ダンスとリズムの女神テルプシコラーがわれわれの生活に及ぼす全面的な影響を調べ，エウリピデスが「測り知れず野蛮なもの」と呼んだ時間を，科学がガリレオの振り子を頼りにどうにか飼い慣らしていった次第をお話しするのが，本書の目的であると大まかに考えて頂きたい。あの左右に揺れるおもりの周期運動は，現代の科学と数学の発展に著しい影響を及ぼした。この影響の範囲は，時間とともに変化する自然現象をどのように理解するかということだけにとどまらず，ついには，物質界の存在そのもの，つまりわれわれの手に触れる物体を作り上げている粒子や，われわれが自分の周囲を知覚する手段である光や音に対する科学の見方にまで及んだのである。こういうわけで，テルプシコラーが科学の助けを借りて，彼女の父親にして宇宙の主である全能のゼウスをとうとう打ち倒したときに，ギリシア神話が完結したとみることもできるであろう。

　物理学者である私が知らない生物分野の事項について議論し，助言を与えて下さった2人の生物学者，デイヴィッド・キーホーとアーサー・コッホに感謝する。私がまだ十分正確に理解していない点があるとしたら，それはまったく私の責任であって，彼らのせいではない。編集の面で貴重な手助けをしてくれた妻のルースにも，負うところが大きい。

ガリレオの振り子

時間のリズムから物質の生成へ

凡　例

一，本書は，Roger G. Newton, *Galileo's Pendulum: From the Rhythm of Time to the Making of Matter,* Cambridge, Mass.: Harvard University Press, 2004 の全訳である。

一，原文中の引用符は「　」で括った。また，固有名詞以外の大文字で始まる字句は，〈　〉で括った。

一，原文中でイタリック体で記された箇所は，原則として傍点を付した。

一，索引は原著をもとに作成したが，訳者のほうで整理した部分と増補した部分がある。

序　章

　彼は 17 歳だった。ピサの大聖堂で執りおこなわれているミサに耳を傾けながら退屈していた。関心を引くものが何かないかとあたりを見回していたこの若い医学生は，頭上の高いところにあるシャンデリアを注視しはじめた。それは，長い細い鎖で吊り下げられて，春の微風のなかで前後にゆっくり揺れていた。振動が繰り返されるのにどれだけの時間がかかるのだろうかと思って，彼は振動の間隔を自分の脈拍で測ってみた。驚いたことに，ランプが一往復する間の脈拍数は，ほとんど動かないときにも，風のためにもっと大きく揺れるときにも，同じであることがわかった。のちに大変な科学的発見をおこなうことになる，この聡明な若者の名前は，ガリレオ・ガリレイであった。

　ガリレオがどうやって単振り子の等時性を発見したかというこの伝説は，彼の伝記作者ヴィンチェンツィオ・ヴィヴィアーニが伝えているものであるが，根拠に欠けている。だが，ガリレオが等時性を発見したという事実，そしてこのことが後世のわれわれの文明に及ぼした深遠な影響は，否定することはできない。本書では，時間のリズム，そのリズムがガリレオの振り子によりついに制御されるようになった次第，振り子の振動がわれわれのリズ

ム感覚に与えた衝撃，そしてこういう振動がその後，ほかの多くの自然現象でも姿を現わすことがわかってきた次第について論じる。

はじめの三章は下準備として，振り子の揺れが採用されて測定が安定化する以前に記録された時間のリズムについて述べることにする。すなわち，生物に対する昼夜の継起の刷り込み，月と太陽の周期運動を折り合わせるための諸文明の努力に象徴されるカレンダーの歴史，それに中世までにおこなわれたもっと短い時間間隔の計測などである。生き物にリズムを植えつけるために自然が用いた生物学的仕組みにしろ，天空からわれわれに押しつけられた周期を記憶するために人間文化が展開した方法にしろ，いずれも安定したものでもなければ，正確なものでもなかった。しかしながら，前者は適応面での利点をしっかり与えてくれたので，こういう仕組みは生命に遍在する特徴となったし，後者は長きにわたって，人びとの要求を十分に満たしてきた。

しかしながら，ルネサンス以後には，商業ならびに科学の発達がもっと正確な時間測定に向けて切迫した圧力をかけた。このため，安定性があり信頼できる時計の発明がなければ，西欧文明のそれ以上の進歩はひどく妨げられたことであろう。近代科学だけでなく，大規模な航海活動も，それに依存していた。振り子や，あとになると，これと物理的に等価な機構が，こういう目的に見事なまでに役立った。

驚くべきことに，時間の流れを規整することを可能にした調和振動子——つまりガリレオの振り子——の物理学は，正確な時計を製作するための単なる手段という枠組みを遠く超え出たとこ

ろにまで導いていく。これらの振動子は，われわれが音楽の音として聞くものや光の色として見るものの土台をなしているだけではなくて，量子論を通じて，われわれが宇宙の構造だと考えているものの基礎をなしていることが明らかになった。振動子がなければ，いかなる粒子も存在しないことであろう。すなわち，呼吸すべき空気も，生命を維持するための液体も，地球を形成するための固い物質も存在しないであろう。これからさき語られるのは，自然界でもっとも単純な，しかしもっとも基本的な物理系の物語であり，それがどのように時間のリズムとわれわれの物質的存在とを密接に結びつけているかという経緯である。

1
生物が記録する時間
身体のリズム

　空間のなかをどこまでも突き進んでいく大きな岩の塊の上に住んでいると想像してみよう。この岩は，中心にある太陽の周りであれ，自分自身の軸の周りであれ，回転するわけでもなければ，周囲を巡る衛星をもっているわけでもない。（この世界には生命を維持しうるほどの光も熱も欠けているであろうが，そんなことは気にしないことにしよう。）朝もなければ，夜もなく，春もなければ，冬もなく，まったく単調で，時間的に分化していない世界である。

　この世界で知能のある生物が進化したとしての話であるが，この生物は内部時間や時の流れという概念をもつであろうか。そんなことはありえないというのが，穏当な答えであろう。時間の経過に関するわれわれの概念はすべて，周期的な変化の知覚，始終繰り返される昼から夜への移り変わり——昼を表わす太陽や夜だけ見える月の出没——，そして季節の循環にもとづいているからである。時間が生まれたのはリズムからであるし，周期性はわれわれ人間の一部になっているのである。

　いまではわれわれにもすっかりおなじみになったジェット・ラグという厄介な現象を最初に調査し，記録したのは，1931年に

愛機ウィニー・メイ号で西回り世界一周をおこなったアメリカ人飛行士ワイリー・ポストであるといわれている。彼は，緯度の変化による時間のずれがパイロットの作業能力に及ぼす影響を観察して，人間の身体が1日あたり約2時間をこえる時間帯変化には適応できないことを発見したと伝えられている。しかしながら，彼の体験のどこまでが単なる疲労の結果にすぎなかったのか，今日にいたるまではっきりしていない。

　生物的な仕組みは現代の時計のように正確に，また安定して働くわけではないが，時間とそのリズムの感覚は，人間の身体の機能に組み込まれているのである。脈を打つ心臓は，われわれにいちばんなじみの深い，時計に似た内部リズムである。後代のあらゆる計時装置に甚大な影響を及ぼすことになった振り子の法則を発見するさいに，伝承を信じてよければ，ガリレオは自分自身の脈拍を基準として用いたのであった。けれども，これ以外にももっと長い周期をもった生物時計が存在していて，われわれの生活で重要な役割を演じている。調子の揃ったこれらの時計の進み具合はまったく自動的であるのに，数日もたてばわれわれの内部時計は初期状態に戻ることができ，変化したリズムに同調することをわれわれは知っている。現地時間とのわれわれの非同調は，大西洋あるいは太平洋を横断する長時間飛行の後ですら，徐々になくなっていくのである。

　この24時間周期を記録し，外部刺激がない場合にもこれを維持する内部時計に対して，1959年には専門用語が導入されたが，それは概日（*circadian*）系（この語は，「約」とか「近似的に」を意味するラテン語 *circa*（キルカ）と「日」を意味する *dies*（ディエス）からなっている。

というのも，この周期がほぼ1日だからである。）というものである。これおよびそのほかの生物時計は，200年以上も前から生物学者には多かれ少なかれ知られてはいたが，ここ半世紀のあいだ，集中的に研究されたテーマであった。

科学者たちの観察から概日リズムに支配されていると最初にわかった人間の生理的変数は，脈拍数と体温であった。たとえベッドに横になって断食していても，人間の深部体温は，低い早朝から高くなる午後遅くにかけてほとんど摂氏1度も変化する。150年以上も前に発見されたことであるが，われわれの血液中の塩分など重要な物質の濃度を調節する腎臓からの分泌物は，1日のあいだに多くなったり少なくなったりする。このほか100を超える生理的あるいは心理的変数も，1日周期の変動にさらされている。たとえば，子供たちが計算をおこなう速度は，早朝の最低値から正午前に約10パーセント高い値に昇り，午後の前半にはどん底に落ち込み，午後6時頃にはまたピークに達し，そこから夜にはゆっくり下降していくのである。この測定は最初が1907年に，そしてふたたび半世紀後におこなわれたが，どちらの調査からも同じような結果が得られた。

すぐさま喧々囂々の議論を巻き起こしたのは，この人間の概日的リズムがどの程度まで自動的な仕組みであって，明るさの変化，食事の時間，あるいは環境との社会的な相互作用などといった外部信号への単なる応答と区別されるのか，という問題であった。答えを見つけるのは容易ではなかった。外部原因として疑われたもののなかには，場合によっては，1日のあいだに変動する侵入電場の可能性などたいへん微妙なものもあったが，多くの科学研

究施設で人間とそれ以外の実験対象についておこなわれた慎重な実験が到達した明確な結論は，われわれの身体が自立的な時計を蔵しているというものであった。長期にわたって完全な人工的隔離状態におかれることを志願した人びとが，ときにはいかなる種類の時間に関する手がかりも与えられずに洞窟のなかに閉じこめられたりしながら，この答えを発見するのに協力した。1938年には，シカゴ大学の2人の研究者が32日間，ケンタッキーのマンモス・ケイブで生活した。30年ほど後には，フランスのある洞窟学者が，アルプスの地下37フィートにある冷たい洞窟のなかで，2カ月のあいだ暮らした。彼は食べたり，床に就いたり，目覚めたりするごとに電話で地上の支援者たちに報告し，時間経過に関する自分の考えや印象を克明に記録した。こういう研究者たちはすべて，自分がはっきりした内部時間のシグナルにさらされていると感じた。けれども，測定された身体変数の周期（そのすべてが相互に矛盾しなかったが）にしろ，1日の時間に関する主観的な印象や覚醒の周期にしろ，25時間より幾分長いことがわかった。長期間の隔離状態から解放されるころまでには，この人たちの内部時計は外部の24時間周期の時計とは大きく狂ってしまっていた。

　ここで2つのことをはっきり区別しなければならない。そのひとつは生物時計の進み方であって，これがそのリズムの周期を決めている。もうひとつは，ある任意の瞬間におけるこのリズムの位相である。ニューヨークからロスアンジェルスまで飛行する場合には，どんなに正確な時計を身につけていたとしても，到着したときには3時間だけ位相がずれているだろうから，時計を合わ

せ直さなくてはならなくなる。遅れる時計——つまり針の進み方がのろい時計——は，時間が経過するにつれて，正確な時計に比べてますます位相がずれてくる。これは，その周期が基準になる正確な時計の周期より長いためであるから，この時計に正しい時間を表示させるためには，何回も時間あわせを繰り返さなければならない。

知られていなかったこういう概日リズムの存在が，時間とともに変化するとは考えられないような心理的な刺激‐応答反応を測定しようとする実験の邪魔をすることもあった。それだけではなく，内発的なリズムが24時間とはいくらか違っていたから，この干渉を検出することはいつも容易であるとは限らなかった。実験を毎日同じ時間に繰り返しても，テストがおこなわれる時刻に依存する被験者の反応の変動から生じる系統誤差を，必ずしも除去できるとは限らないからである。ひとつだけでないリズム——外部的な昼夜リズムおよびわずかに異なる概日リズム——が影響を及ぼしているときには，まったく混乱した結果が得られることもありえるのである。

生物時計の自立性は，今日では異論の余地なく確かめられた事実である。環境の刺激から切り離された人にあっては，人間の概日システムは24時間からなる1日よりは長い周期で，ほぼ一様に進行する。外部環境と切り離されていない場合には，環境の変動——大部分は光の強度の変動——に対する応答に絶えず引きずられて，太陽のサイクルと同調した状態にある。いいかえれば，われわれの内部時計は一様な割合で進んではいるものの，1日に約1時間の割合で遅れる。けれども，この時計は光と闇のサイク

ルにより絶えず調整されるので，通常の条件のもとでは，時間の遅れが累積することにはならないのである。こういうわけで，われわれの内部時計は太陽のリズムに同調させられている。

いうまでもなく，人間は種のひとつであるにすぎず，概日リズムも生物的リズムのうちのひとつにしかすぎない。心拍以外にも，ある種の内部時計は，たとえば脳波図（EEG）で測られる脳の電気的活動の周期が 0.1 秒であるように，もっと短い周期——超日周期と呼ばれる——をもっている。しかし，ほかにはもっと長い周期のものもある。たとえば女性の生理周期の 28 日とか，熊の冬眠を制御する概年周期の時計である。たぶんずっと長い周期をもつ内部時計も存在する可能性がある。リズム的な行動は，たいていの生物系の性質であるようにみえる。

ホタルの同時発光は短い周期をもっている（約 1 秒であるが，種によって変化がある）。マレーシアやニューギニアで雄ホタルが何千匹も木々に群がり，リズムにのって一斉に発光するのは，素晴らしい見物である。明るい光を彼らが放出する超日周期は，自立的かつ内因的であることがわかったが，大集団をなして群がるときには，発光が同時になるように互いに調整し合っているのである。（同調化は，閃光を瞬かせて誘発することもできる。）[1]

長期的な計時機構に依存するように見える行動が，実際には概日系しか必要としない場合もある。たとえば，毛皮が夏には茶色で，冬には白くなるカナダのカンジキウサギは，カムフラージュの利点を活用するために，初雪が降るずっと前から毛の色を変えはじめるのである。このウサギが 8 月の到来をそれと知るのは，概年周期の時計によってではなくて，概日周期の時計を用いて昼

間の時間数と夜の時間数を比較することによってなのである。7月に1日のうち何時間かのあいだ目隠ししてやれば，このウサギはそうでない場合よりも早く外観を変化させることであろう。ほかの哺乳類の場合にも，概日時計と概年時計が新陳代謝と繁殖サイクルを調整して，冬のために脂肪を蓄えたり，食糧が十分で天候のよい季節に子供が生れるようにしているものがある。これらの場合にも，内部リズムがずっと長い周期をもっていたとしても，1日の長さがこのリズムを同調させるよう働くのである。海岸の水中に住んでいる蟹のなかには，彼らにとってきわめて重要な潮汐という環境のリズムを記憶する概潮汐周期時計を持っているものがある。これ以外の海中生物でも，月のサイクルに直接に連動した内部時計によって，産卵や受精を調節するものがある。

　概日周期に関する本格的な研究が始まったのは，1910年にスイスの医師アウグスト・フォレルが思いがけない観察をして以後のことである。避暑のためにやってきたアルプス山中の家に到着まもなくのある朝のこと，テラスで朝食をとっていた彼は，食卓上の口の開いたジャム壺に近くの巣からきた何匹かの蜜蜂が集まっているのに気がついた。だが，彼の興味を引いたのは，それからも毎朝，朝食の準備ができる直前に，蜜蜂たちがジャムの出てくるのを予期しているかのように集まってくることであった。そこでこのうるさい連中を避けるために室内で食事をすることにしたところ，蜜蜂たちはそれでも決まった時間に食物を求めて屋外のテーブルにやってくるのであった。1日のうちほかの時間には蜜蜂が訪れることはないので，彼は蜜蜂には「時間の記憶」があるはずだと結論した。

これから約20年後，動物行動学者インゲボルク・ベーリングとカール・フォン・フリッシュは，一匹一匹しるしをつけた蜜蜂に一定の場所と時間に数日間，砂糖水を与えたのち，系統的な観察を実行した。食物を一切与えない観察日に，観察者たちは各々の蜂の到来を記録し，「訓練を受けた」時刻（早めに到着するほうがわずかに多かったが）にピークがあることを見いだした。しかしながら，この時間訓練がうまくいくのは，食物を与える時間間隔が24時間であるか，それに近い場合だけであった。この間隔を19時間や48時間にすると，訓練はうまくいかなかった。実験者たちの見落としているような何らかの外部刺激を蜜蜂が感じているのではないことを確かめるために，ベーリングは実験のいくつかを地下深くの岩塩坑でおこなった。マックス・レンナーは，フランスにある実験室で午後8時15分に食物を待ち受けるように蜂を訓練し，翌日，ニューヨーク市まで大西洋横断飛行をさせた後に，彼らをテストにかけた。この地においても，蜜蜂はいつものようにえさを欲しがったが，それはだいたい，フランス時間での午後8時15分頃のことであった。

　哺乳類の概日周期を測定するには，ハムスターや他の齧歯類がとくに好適であることがわかった。いつでも好きなように回すことができる回転車のある籠のなかに置き，1日のうちの時刻がわからないように一定の照明を保っておくと，ハムスターたちは毎日ほぼ同じ時刻にだいたい同じ時間のあいだ規則的に運動しようとするのであった。彼らの飲食のスケジュールも同じように規則的であることがわかった。このような研究が明らかにしたのは，多くの概日的な「習慣」がいかなる外部刺激もなしにきわめて長

期間，動物の一生にわたってさえも持続するということであった。ほかの習慣はもっと速やかに衰えはじめるのにである。

　20世紀の中頃までは，長距離を飛翔する渡り鳥の驚異的な能力は，大きな神秘であると考えられていた。今日ではわれわれは，この能力が少なくとも部分的には彼らの概日システムにもとづいていることを知っている。太平洋ムナグロは，秋にはアリューシャン列島からハワイまで2,000マイル以上の海を越えて飛来し，春には同じコースで戻る術を心得ている。内部時計がこれらの鳥に，太陽を道案内にして飛ぶことを可能にしている。太陽の位置が1日のうちに変化するにもかかわらずである。南に向かって飛ぶには，午前中には，太陽が左方に見えるようにすればよく，午後には右方に見えるようにすればよい。鳥たちが1日の時刻に応じて太陽があるべき場所を追跡する能力を備えていることを初めて証明したのは，動物学者グスターフ・クラーメルであった。彼の観察したところによると，壁のスリットを通じて太陽の光に照らされる円形の鳥小屋に入れられた，たいていのムクドリは，移動シーズンのあいだじゅう，自由に飛べたならば目指したはずの方向を向いて止まり木に止まるのであった。彼が鏡を使って光が来る方向を変えてやると，鳥たちはそれに応じて止まり木上で向きを変えたので，彼らが太陽を道案内にしていることがわかった。しかし，1日のうちに太陽の光が来る方向が非常にゆっくり変化する場合には，鳥たちは何の影響も受けなかった。彼らは概日時計によって，太陽の運動に適応できたのである。

　ほかの渡り鳥のうちには，これまた体内時計のおかげであるが，太陽だけでなく，夜間の星々を頼りにして航行できるものがある

こともわかった。ノドジロムシクイが毎年，秋になると北ヨーロッパからアドリア海や地中海を横断してエジプトに渡り，春に戻っていく飛翔方法が，これなのである。だから，曇った夜には彼らは混乱してしまう。アリのなかでもある種のものが，太陽の方向と概日時計とを組み合わせて，毎日，同一のえさ場に行く道を見つけていることがわかった。暗い箱のなかに閉じこめてしまうと，彼らは方位がわからなくなってしまうが，また陽の当たる戸外に出してやると，その間に太陽が移動しているにもかかわらず，たちまち先刻の方向を見いだし，そちらに向かって歩き続けるのである。

　体内時計は植物のなかにも存在する。多くの植物が葉や花を開閉して1日の時間経過に反応することは，ずっと以前から知られていた。アレクサンドロス大王のインド遠征に従った将軍のひとりであるアンドロステネスは，インドで見たタマリンドの木の葉が朝に開いて，夜には折りたたまれたと記録している。園芸家なら誰でも気づいていることであろうが，夜に花弁を閉じて，夜明け以後にそれをまた開く花々もあれば，ワスレグサのように新しい花を開くものもある。18世紀の大植物学者カロルス・リンネウスは，花壇時計を設計したが，それは1日の特定の時刻に開花する何種類もの花を順序よく配列したものであった（第1図参照）。おそらく，蜜蜂の体内時計は，目に見える太陽からの外部刺激がなくても，開花時に好きな花のもとを訪れて蜜を吸えて，不必要な偵察行動にエネルギーを浪費しなくてすむように共進化したのであろう。

　植物のこのような振る舞いは，日差しの明暗に対する単なる応

第1図 リンネウスが1751年に設計した花時計の絵。それぞれの時間に花弁を開いたり閉じたりする各種の花が描かれている。

答なのであろうか，それとも植物の構造に組み込まれた内部機構から引き起こされているのであろうか。この問いに答える目的で，フランスの天文学者ジャン＝ジャック・ド・メランは，インドのタマリンドの木と同じように夜には葉をたたみ，朝にはまた開くミモザの木で実験をおこなった。1729年に彼は，実験結果をア

カデミー・フランセーズに報告した。ミモザは1日のサイクルで変化する光の助けを必要とはしなかった。まったくの暗闇のなか（彼はミモザを長期間にわたって暗室のなかに閉じこめていた）でさえミモザは多少のずれはあってもほぼ夜明けと日没と同じ頃に，それぞれ葉を開いたり閉じたりするのであった。ミモザのリズムは外部の概日周期と完全に独立しているわけではないが，少なくともしばらくのあいだは，自分がそのなかで成長した光の日中変化の刷り込みを確かに保持するのであった。19世紀の間に，植物の葉の日中運動に取り組んだのは，植物学者のフランシス・ダーウィン（チャールズの三男），ヴィルヘルム・プフェッファーとユリウス・フォン・ザックス（あとの2人はドイツ人），それに彼らの学生や協力者たちであった。

　長年のあいだ，植物の概日的な内部時計は，動物のそれと同じく，非常に神秘的なものと考えられてきたが，ドイツの生物学者エルヴィン・ビュニングが先導した過去半世紀にわたる多くの研究の結果，今日，その存在ははっきり確認され，それを構成する多くの成分も分離して取り出されている。動物と同様に，植物もさまざまな長さの内部的サイクルをもっている。たとえば，来るべき冬に備えるかのように，多くの植物はおよそ1年の長さの内部時計をもっているようであって，それによって寒い季節の到来を予期したり，突然の降霜にも耐えられるように細胞を固くしたりできる。カンジキウサギの場合と同じように，この一見，概年的な時間調節は実際には，往々にして，概日的な時計で測定した昼間の長さに対する応答なのである。これらの内部リズムは遺伝的なものであるか，外部刺激から学習したものであるかのどちら

かであるが,外部刺激を取り除いた後にも,程度の差はあれかなり長いあいだ持続するし,その周期が周囲の温度の影響で変化することもない。しかしながら,外部世界とつねに同調しているためには,内部時計は光刺激によって同調化され,規則的にリセットされなければならない。

　リズム的な温度変化が役割を演じている場合もあることはあるが,たいていの生物時計を同調化するのに役立っている刺激——これを生理学者たちは同調因子(ツァイトゲーバー)(timegivers)と呼んでいるが——は,さまざまな水準の光の強度であるようにみえる。われわれの生活の概日的なリズムの起源が昼夜の継起の体験にあることを思えば,これは驚くにはあたらないことである。この環境的な事実は,内部計時機構の進化の鍵といってよいほど重要だったに違いない。けれども,同調化の過程は,必ずしも突然,不連続的に時計をリセットすることではない。多くの場合,この過程は瞬間的に始まったあと,時計の針を外部の者がゆっくり回転させるのに似て,古い位相から新たな位相に向かうゆるやかな変化であって,本来の周期を変更することなくおこなわれる。いいかえれば,そのとき以降,針の進み方が以前より速くなるとか遅くなるとかいうことがないようにおこなわれるのである[2]。

　まったく驚くべきことに,概日リズムはもっとも単純な生物にも存在する。たとえば,単細胞の藍色藻類(シアノバクテリア)にあっては,窒素固定と光合成が24時間周期で進行するように,内部時計がペースを定めている。この周期は,この2つの過程を時間的に分離するというきわめて重要な役割を果たしている。というのも,光合成の産物である酸素の存在は窒素固定を妨害するからである。海に住

む渦鞭毛虫ゴニオラクス・ポリエドラは，北アメリカ西海岸沿岸の海水中に大量に存在し，生物発光する単細胞の藻である。生物発光というのは，ルシフェラーゼと呼ばれる酵素がルシフェリン分子を酸化して，励起エネルギー状態にある新しい分子を作り出し，そのあとでこれが基底状態に落ちるさいに光量子を放出するという化学的過程である。ゴニオラクスは二種類の光を出す。ひとつはリズミカルに変動して，夜明け近くにピークに達する強度の弱い安定した光で，もうひとつは真夜中近くにもっとも強くなる，ずっと明るいリズム的な閃光であるが，こちらのほうは発光させるためには外部的な攪乱が必要である。そのうえ，ゴニオラクスにはほかにも概日リズムがあり，そのなかには，夜明け時に細胞分裂の鋭いスパイクを引き起こしたり，光合成能に別のスパイクを引き起こすものも含まれる。極度に弱い連続光のもとで培養すると，光合成は安定した非周期的な速度で進行する。だが，通常の条件のもとでは，それは明確な概日リズムをもっており，そのリズムは定常的な弱い光のもとでも数週間にわたって維持される。完全な暗闇におくと光合成が停止するから，ゴニオラクスはたちまちこういうリズムをすっかり失ってしまうが，短い，強い閃光を当てて光合成を再開させると，以前と同じ速度のリズムを取り戻す。

　こういうわけで，驚くべきことに思えるかもしれないが，単細胞からなるこの単純な生物が多くの独立した概日リズムや他のリズムを維持できるのである。実際，個々の細胞に含まれている時計が，大きく複雑な器官の生物的周期性をさえ支配していることが証明されている。絶え間ないリズムでわれわれを生き続けさせ

てくれる人間の心臓もそのひとつである。40年ほど前のことであるが、カリフォルニア大学ロスアンジェルス校のアイザック・ハラリーは、ネズミの心臓の細胞を取り出して、それを栄養液のなかで生き続けさせる仕組みを考え出した。彼はこれを顕微鏡のもとで観察して、これらの単細胞のうちいくつかは自力で、あい変わらず以前のリズムで脈打っていることを見いだした。おそらくもっとも驚くべきことは、16時間ごとに分裂し増殖する単細胞バクテリアのなかにさえ、自分の24時間周期の時計を複写して、位相の揃った同一のコピーを子孫に引き渡すことができるものがいるということであろう。これらの生物のほとんどすべての遺伝子が、概日システムにより制御されているのである。

　多くの鳥にあっては、概日リズムは松果体によって制御されているようにみえる。松果体というのは、かつてデカルトが人間の霊魂の座であると考えたものであった。この光に鋭敏な器官は、その活動の合図を身体の他の部分に伝達するメラトニンというホルモンを生体外においても作り出す。12時間は光、12時間は闇という環境のもとで培養したあと、絶えず光に照らされている環境のもとに移してやると、松果体の組織は、数日のあいだ、周期的に変動する量のメラトニンを放出し続ける。そのうえ、ある鳥から取り出した松果体を、あらかじめそれを除去しておいた別の鳥に移植してやると、この新たな宿主は失っていた概日リズムを取り戻すだけではなくて、この新たに獲得されたリズムの位相はドーナーのものだったのである。つまり、宿主はあたかもドーナーの時間帯のなかで生きているかのように振る舞ったのである。生体外に取り出された松果体の断片でさえ、しばらくのあいだは、

周期的な割合でメラトニンを生成する。

　他方，人間を含む哺乳類の場合にはこれらのすべてとはいわないまでもほとんどのリズムの，もっとも中心的なペースメーカーは，視交叉上核（SCN）と呼ばれる神経細胞組織の2つの塊であって，その場所は網膜の後ろの視交叉のすぐ上の視床下部にある。SCNは，いかなる光刺激に頼ることなく，自力でリズムを生成することができる。たとえば，真っ暗闇のなかに置かれた生まれたばかりの鼠は，生を受けた最初の日にすでに明確な概日リズムを示す。けれども通常の条件下では，SCNは，網膜からの直接的な視覚投射に引きずられて，周囲の環境の昼夜サイクルと同調する。実際，ごく最近に発見されたことなのであるが，眼には，視覚には用いられず直接にSNCにつながった特別な光センサーが含まれていて，そのおかげで，盲人であっても，ある人びとはその概日リズムを同調させることができるのである[3]。そのうえ，視床下部は，毎時間ごとの卵胞刺激ホルモンの放出を調整する，もうひとつの明確な超日性のペースメーカー，つまり概時性の時計を含んでいる。今日では，別々の沢山の概日的な振動子が身体中に撒き散らされていて，行動や生理的機能の局所的なリズムを調節していることが知られている。これらの時計は独力では数日間しかそのリズムを維持できないので，SNCという親時計からの信号をうけて絶えずそれと同調しているのである[4]。

　生物体にみられる多種類の生物時計のリズムが，生命の初期段階に外部刺激により生物に刷り込まれたのか，それとも遺伝的に決定されているのかという問題は，詳細な実験，とくにどこにでもいるショウジョウバエについておこなわれた実験により解答が

与えられた。キイロショウジョウバエは，2つの比較的安定した概日システムをもっていて，そのひとつは休息－活動のサイクルを調整するものであり，もうひとつは幼虫が蛹から出てくる時刻を支配している。1979年にR. J. コノプカは，周期性をまったくもたないもの，約19時間という短い周期のもの，それに28時間という長い周期をもつものという三種の変種を作り出した。各変種は，標準的な実験用のショウジョウバエ（「野生種」）とは1個だけ異なる遺伝子（のちに*per*と命名された）を持っていた。遺伝学者たちはまた，胞子生成が概日システムに支配されているネウロスポラという菌の研究もおこなった。変種たちは広い範囲の相異なる周期を示した。さまざまな変種や野生種の細胞を混ぜ合わせたもののなかでは，概日周期の長さは，変種遺伝子を持つ核の割合に比例することがわかった。この場合には，集団の概日周期の長さを決定するような一意的な遺伝子の位置は見あたらなかった[5]。

これらの時計を動かしているのは，どのような仕組みなのであろうか。化学だけでリズム的な振る舞いを生成できるということが，1950年以降，知られるようになった。この年に，ロシアの化学者ボリス・ベルーソフが，のちにベルーソフ－ジャボチンスキー反応と呼ばれることになる現象を発見したのであった。これは，色の異なる反応生成物を分離するリズミカルに変化する波動を生成するものであった（第2図参照）[6]。植物の場合にも，時計の仕組みは，これと同じようにまったく生化学的なものでなければならない。実際，懸濁液中で発酵しているイースト細胞のエネルギー代謝に関する実験からわかったのであるが，ある基質を

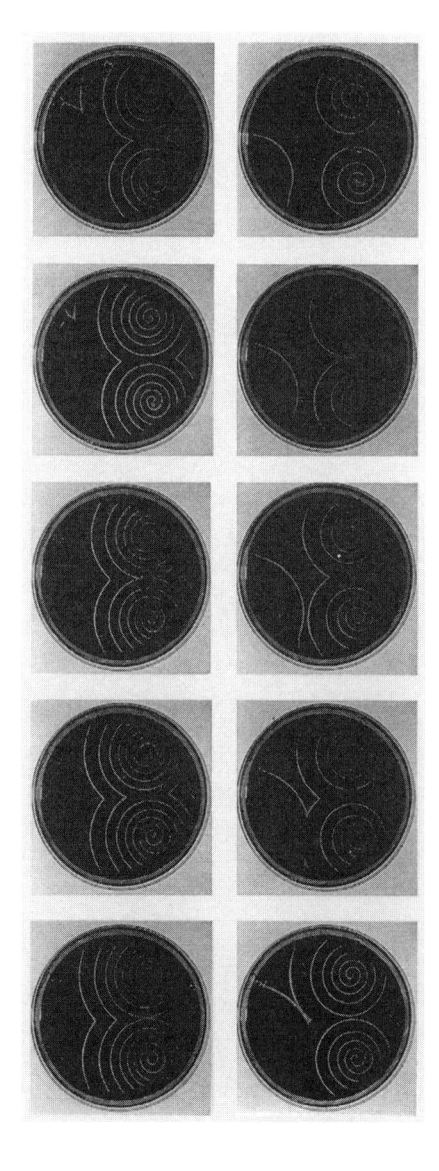

第 2 図　直径 2 インチのペトリ皿におけるベルーソフ・ジャボチンスキー反応のスナップ写真（30 秒間隔）。螺旋が毎分 1 回ずつ回転している。

添加して代謝の定常状態を攪乱すると，その発酵エネルギー生産——グリコリシスと呼ばれているが——は数分の周期で振動を始めるのである。しかも，グリコリシスのこのような変動は，生体外の，細胞を含まない標本で，つまり化学以外にその引き金が何もない状況で研究できる。

　ここに観測された振動的な振る舞いは，技術者たちがフィードバック機構と呼んでいるものの典型的な結果である。フルクトース‐6‐リン酸（F-6-P）をフルクトース‐2‐リン酸（FDP）に変えてグリコリシスをおこなう酵素は，それ自身がFDPによって活性化される。だから，グリコリシスはFDPを生成しはじめると，刺激を受けて速度を速め，はじめにあったF-6-Pの濃度を減少させるので，FDPのそれ以上の生成が抑制され，発酵の速度が落ちていく。この事情は，かなり遅れて新たに到着したストックでF-6-Pが補充されるまで続く。その結果，濃度と代謝の流れが適切であれば，F-6-PとFDP双方のレベルが同一の周期で規則的に変化するが，F-6-Pが低ければFDPが高く，あるいはその逆という具合に，位相が逆になっている。（問題になっている生化学的過程の緩やかさから生じる遅れが，リズミカルな濃度変化を作り出すのに不可欠であって，時間的ずれがなかった場合には，振動せずに速やかに平衡状態に落ち込んでいくことであろう。）いかなる細胞も含まない系において，酵素，濃度，流率を適当に選ぶことにより，生物学者たちは純化学的な手段だけに頼って24時間周期の代謝振動，すなわち概日リズムを作り出すことに成功した。同じようなフィードバック機構がショウジョウバエの概日リズムを作り出していることもわかった。ただこの場合には，

F-6-P と FDP の役割を果たすのが，*per* 遺伝子により生成される PER タンパク質とそれが合成するメッセンジャー RNA，それらいくつかの他のタンパク質である。(機構の原理は同じであっても，シアノバクテリアの生物時計の生成に関与するタンパク質は，ショウジョウバエの場合のタンパク質とはひどく異なっている。そのため，概日系が単一の共通の祖先から進化したという可能性は低いと結論してもよいであろう。)

　このようなフィードバックの結果は，しばしば極限閉軌道によって記述される。つまり，縦軸に一方の反応生成物の量を，横軸に他方の量をとってグラフを描いてやると，どこから始めても，同一の閉曲線にますます密接に近づいていくのである（第3図参照）。この場合，両物質の濃度はいわばダンスを踊るのにも似て，それぞれがある一定のリズムで高濃度から低濃度へと変動するのである。

　視交叉上核のように，はるかにずっと構造的で複雑な器官の周期的な振る舞いを引き起こしている機構は，まだよくわかっておらず，今後も継続さるべき重要な研究題目である。この律動性は，集団的に行動するシナプスや神経細胞のネットワークの産物なのであろうか，それとも，植物の場合と同じように，個々の細胞のなかにあるペースメーカーの作用の結果なのであろうか。後者のほうがもっともらしいという兆候がある。生体外に置かれた視交叉上核の個々のニューロンでさえ，幾日にもわたってその概日リズムを保持し続けるからである。しかし，集団的な効果も関与しているのかもしれない。先に述べたように，身体の方々には部分的に自立した概日的なペースメーカーがあって，絶えず視交叉上

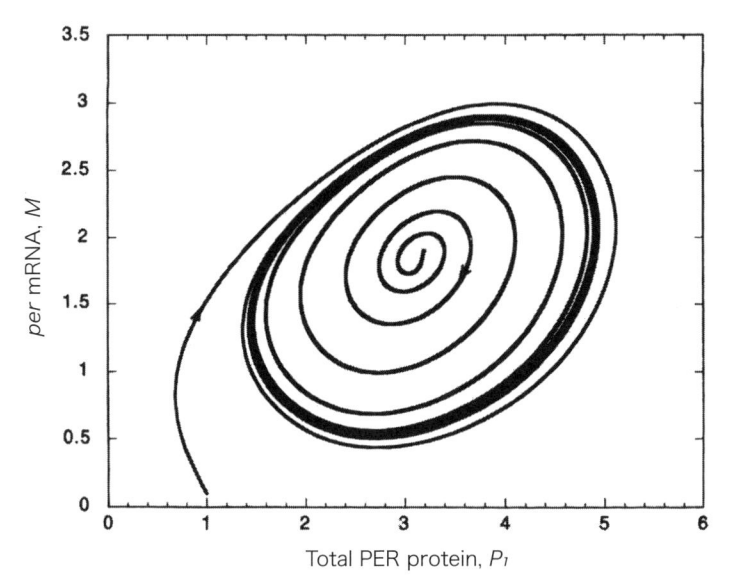

第3図　ショジョウバエの PER タンパク質と *per* メッセンジャー RNA の持続振動の極限閉軌道モデル。この2つを横軸と縦軸にとって描いたグラフは，内側からであれ外側からであれ，だんだん（濃い線で描かれた）閉曲線に近づいていく。

核と同調するようになっているのであるが，この信号を伝達する仕組みはまだ完全にはわかっていない。しかしながら，はっきり言えることがひとつだけある。文献上では，多くの生物系が持つ内因性のリズミカルな振る舞いに言及するのに往々にして「振動的」ということばが用いられているが，これらのどのなかにも物理的な振動子は存在していないということである。そして，このことこそ，これらの生物時計がおおよその時刻を告げることはできても，完全に正確ではないことの基本的な理由なのである。しかしながら，もっと安定性の高い時計を作り出すことが，たとえ

生物にとって可能だったとしても，そのことが適応上の利点にはならなかったことであろう。日ごとの同調を必要とする仕組みが，測り知れない年月のあいだ，何不自由なく働いてきているからである。

　次章では，われわれは外側に，つまり生物系から離れて，時間経過を記録するために人間文化が発明してきたさまざまな込み入った装置に向かうことにする。暦から秒針付きの時計までである。信頼できない計時装置が何千年にもわたって用いられたずっとあとになって，時間を真に安定的に，そして正確に測りたいという要求がとうとう生じたときに，振り子が誤ることのない器具であることを，人間は発見したのである。

2
カレンダー
さまざまなドラマーたち

　初期人類が時間の連続的な流れを意識していたかどうかは，もちろん今となっては知るよしもないが，文明が発生する頃までには時の流れという概念は十分，定着していたようである。初期文明には，その時間経験の律動性を利用するべき3つの理由があった。そのひとつは，たとえばある場所から別の場所に旅行する時間の長さというような，ある過程の継続期間を測定すること，2つめは，何らかの記念すべき出来事が起きたのがどれだけ以前のことであったのかを勘定すること，3つめは，自らの生活や他人との関係を調整するために今という時，そして未来の今という時を指定することであった。

　第一の目的のためには，単純に比較するだけで最初のうちは事足りた。あなたのこんどの旅は，シラズからイスファハンに行くのに比べ2倍の時間がかかるだろうといった具合である。けれども，文明が発展するにつれて，時間間隔をいくつかの等しい部分に分割する必要が生じた。船の乗組員や野営地の兵隊が，夜間に，順繰りに見張りに立たなくてはならない場合，当然ながらその仕事はおおよそ等しい時間単位で割り当てられるべきだと考えられたからである。第二の目的のために初期文明が利用したのは，誰

の目にも繰り返して起こることが明らかな出来事をただ数えることであった。その災害が生じたのは，10回前のナイルの氾濫のときであったとか，あなたの父親が出発してから新月が3回あったとかいう具合である。第三の要請は，次のような問いに答えることであった。今はトウモロコシを播いたり，豆を植えたりするのに適した時期なのだろうか。畠を耕すのにいちばんよいのはいつだろうか。

　1年のうちの時期を知るという必要性は，最初は，狩猟採集生活をしている人びとから生じたに違いない。近づいてくる冬のための備蓄をいつしておいたらよいのであろうか。野牛や鹿を狩猟するのに最適の季節はいつであろうか。しかしながら，農業の到来とともに，耕耘，種まき，収穫を適切な時期におこなわなければならなくなった。したがって，農業が最初に発達した文明において，カレンダーが発明されることになったのは偶然ではない。適切な季節を知るという難しい知識の必要が高まるにつれて，そういう知識を供給できる人びとの権力と神秘さが増大した。太陽，月，星々はすでに何千年にもわたって，宗教的ならびに迷信的な色彩を帯びてきていたから，初期の天文学や，それにもとづくカレンダーの作成は，宗教の実践と密接に結びついていた。そして常人にはわからない方法で獲得された情報を保管し，供給したのは神官たちであって，彼らは用心深く情報源を秘匿した。こういうわけで，いまから約3,500年前に建設されたストーンヘンジは宗教と実用の双方の役に立ったのである[1]。

　カレンダーに対する農業の要求が神官たちの権力を増大させた一方で，規則的な日程により祭日を祝うことで神々をなだめ，崇

めるという宗教的な要請が，厳密な秩序にもとづいたカレンダーへの願いをさらに強くした。結局のところ，ほかの点では移り気でわがままな神々がおこなう規則的で，予言可能な活動は，天体の運動だけであるように見えた。こうして，占星術が発展して天文学になり，これが数学の培養器になった。（ローマ法のもとでは，占星術師たちは「数学者」と呼ばれていたのである。）

自然界のうちで観測し測定するのに専門家を必要としない唯一の周期現象は，昼夜の継起であった。最初は別々の単位とみなされていた明るい間と暗い間は，結び合わされて，まる1日というひとつのものになった。1日の始まりを日の出におく文化もあれば，黄昏とする文化もあった。人間生活のもっと長いリズムの自然な単位は，月のサイクルであった。満月から次の満月までの時間を測ってみると，ほぼ30日という期間であった。最後に，季節の反復をともなう1年が，誰の目にも明かな第三の周期単位になり，暦への刺激を与えた。

明暗のサイクルや季節というリズムは，いうまでもなく太陽に支配されている。前者は地軸の周りの地球の回転（太陽に顔を向けていたのち，そっぽを向く）に起因するが，後者は太陽の周りを巡る地球の軌道から生じる。地軸は地球の軌道面に対して傾いているから，軌道上のある部分では，北半球は太陽から外側に傾き，南半球は太陽のほうに傾いて，北半球には冬，南半球には夏がもたらされる。軌道上の反対側の部分にあるときには，北半球が夏で，南半球が冬になる。太陽を巡る地球の公転周期は，自転時間の整数倍にはならない。地球が1回の公転を終えるのに要するのは365.25日（自転回数。これはほぼ12太陰月に相当する）

である。年々，正常に機能するカレンダーを作成することの難しさはすべて，日，月，年というこの3つの周期単位をうまく折り合わせなければならないことから生じる。

　12太陰月は1太陽年に足りないから，太陰暦を太陽暦の長さと合わせるためには，そこに余分な時間を挿入してやる必要が生じた。これが閏月の挿入という手続きである。文化や文明の違いに応じて，この問題の取り扱いも異なっている。多くの原始社会は真冬の何カ月かを無用と考え，それらを無視した。たとえば，中央エスキモー族には，冬に「太陽のない月」があるが，その長さは一定しておらず，新月が冬至と一致する年にはなしとされた。

　西暦紀元13世紀にマルコ・ポーロが報告しているところによれば，モンゴル人が何か重要な行事がある場合に参照する暦は，なんと紀元前第三千年紀に遡る中国暦を取り入れたものだという。しかしながら，太古の時代の中国の慣行では，カレンダーの作成は各地の社会に任されていた。こういう一様性の欠如が，紀元前第二千年紀の3つの王朝のもとで，公的なカレンダーの導入をもたらすことになった。のちの時代になると，各皇帝が，先の皇帝の努力を熱心に改善した結果，紀元前370年頃以降の2,000年の間に，約1,000個のますます正確な暦が作られた。そこには月や日の記載があるだけではなくて，月や太陽や諸惑星の運動まで示されていた。これらのカレンダーは，月のサイクルにもとづいていて，12個の「地支」と，月と太陽の周期の違いを調節するために必要な「天干」と呼ばれる補足的な日々からなっていた。皇帝たちは暦を大変に重要視していたから，14世紀までに政府は300万部もの暦を公文書として印刷し，何人にもその複製を許さ

なかった。暦のなかには，吉日や凶日，旅行・結婚・商談などに最適の日等々に関する情報も含まれていた。中国人は年に番号を振らず，（月や日，それに時刻にまでも）鼠，牛，虎，兎，竜，蛇，馬，羊，猿，鶏，犬，猪といった動物の名前をつけていた。

　シュメール人のカレンダーの細部については，占星術にもとづいて日々が7日からなる週にまとめられていたことを除いては，ほとんど知られていないようである。シュメール人の慣行が見失われてから久しい時間がたっているが，1週を7日とする慣行はほぼ世界中に——ユダヤ人はこれをアッシリア人から，キリスト教徒はユダヤ人から伝えられた——広まった。もっとも，近年に目につくいくつかの例外を別にすればの話である。フランス革命の後にカトリック教会の影響を弱めようという熱意に駆られて，フランスでは数学者のピエール＝シモン・ド・ラプラス，ジョゼフ＝ルイ・ラグランジュ，ガスパール・モンジュ，それに詩人のファブル・デグランティーヌからなる委員会が，10日を1デカドとし，1カ月を3デカドとする10進法カレンダーを導入した。これはわずか13年間，続いただけだった。同じような反教会的な理由から，ソ連邦は1929年に，4日の労働日，1日の休息日を1週として，1カ月6週制を導入した。1932年には，これを，1週を6日とする1カ月5週制に変更した。こういう試みは1940年に放棄された。

　バビロニア人は，シュメール人のカレンダーをもとにして自分たちのカレンダーを作った。残存している紀元前1700年頃のハンムラビ王の手紙からわかるのであるが，354日からなるバビロニア年は，交互に30日と29日からなる12カ月を含んでいた。

けれども，ときおり，29日月のひとつを30日月に変え，3年おきくらいに余分な1カ月をまるごと挿入していた。しかし，紀元前747年のナボナッサロス王の治世以前には，バビロニア人は年代に規則的な順序で番号を振ってはいなかった。紀元前500年頃までに，彼らは，19太陽年がほぼ正確に235太陰月に等しいことに気がついていた。つまり，19年ごとに太陽と月が同じ位置関係に戻るという事実にである。この時間間隔について報告したのは，バビロン訪問からギリシアに戻ったアテネの天文学者メトンであったから，それはメトン周期と呼ばれることになった。354日年をとるバビロニアのカレンダーを取り入れてから何世紀ものあいだ，ギリシア人は各年に，メトン周期におけるその位置を示す〈黄金数〉を割り当てていた。

　これと対照的にエジプト文明は紀元前五千年紀に恒星，とりわけプレイアデス（すばる）とシリウス（天狼星）にもとづいて1年を定めていた。目を眩ませるような太陽円盤のすぐ近くにあるため，何カ月も見えなかったシリウスは，世界最長の川である大ナイルが増水を開始する日の夜明け直前に，東方の空に明るい姿をふたたび現わす。毎年4カ月のあいだ続いて生命をもたらすナイルの氾濫と天狼星の出現が同時に起こることに注目して，エジプト人は，これを彼らのカレンダーの基礎にした。このカレンダーの1年は360日であって，それぞれ30日からなる12の月に分けられている。（円周を360度に分割することの起源は，おそらくこの360日年にあるのであろう。）まもなくエジプト人は，360日からなる1年ではうまくいかないことに気がついたので，彼らのカレンダーを365日年に変え，これを12の30日月と5

日のおまけの祭日に分けた。その後，彼らは365日年でさえも完全には満足できるものではないことを知った。シリウスの出が4年ごとに1日だけ遅れたからである。だが，彼らは，これが彼らのカレンダーを修正するに足る理由になるとは考えなかった。中国人が年を表わすのに数の代わりに王朝を用いたのと同じように，エジプト人も，あるひとりのファラオの治世のもとでの年の継起を勘定するという方法をとった。（ギリシア人は紀元前3世紀以降，オリンピア紀，すなわち交互に49あるいは50ギリシア月になる4年紀を勘定しはじめたが，そのさい始点においたのは，はるかに古い起源をもつオリンピック競技が再開された紀元前776年であった。）しかしながら，星にもとづくカレンダーが民間の用途のために用いられた時期は，エジプトにおいてはなんと紀元前4236年（ひょっとすると4241年）にまで遡ることができるので，これが歴史上，確定された最古の年である。

　ペルシアにエジプトの365日年を導入したのは，ダリウス大王であるが，これは幾人かのギリシア人にも知られていた。たとえば，ミレトスのタレスや，ヘロドトスは，紀元前6世紀と紀元前5世紀にナイルの地に旅行して，この暦法について知識を得ていた。だが，ギリシアの諸国家はこれを採用しなかった。その間，宗教的カレンダーがわが世の春を謳歌していた。ユダヤのカレンダーは，季節とずれないように，また過越しの祭りのような祭日が適切な時期に当たるようにするために閏日を用いていたので，1年の長さは一定していなかった。タルムードの教えに従って，裁判所が穀物の実り具合を観察して場当たり的に決めていたからである。たとえば，西暦100年ごろに公布されたラビの

ガマリエル2世の公文書は次のように述べている。「私はお前たちに告げる。仔羊たちは小さく，鳥たちは虚弱で，トウモロコシの収穫の時期がまだ来ていないから，今年は30日を付け加えるのが，私や私の兄弟たちにとって正しいことであるように思われる。」現行のユダヤ年の長さは，19年周期にもとづいている。30日からなる13番めの月が，第3，6，8，11，14，17，19番めの年に挿入され，あとはこのサイクルが繰り返されるのである。これと対照的に，コーランのなかではムハンマドにより，いかなる種類の挿入もまかりならぬと明確に規定されている。もっとも，この規定が，初期のアラブ世界に存在していた挿入の方法を止めさせることを目的としていたのか，挿入の必要性を理解できないことから来ていたのかは，議論の的になっている。いずれにせよ，コーランはこれを禁じたばかりでなく，将来，この規定を変更することもはっきり禁止したのである。

月と太陽のサイクルを調整する問題のもうひとつのやりかたを採用したのは，マヤ人であった。彼らにとっては，時間は宗教の一部であった。彼らは，太陰月と太陽年の双方を用いたが，両者を結びつける方法をもたずに，単にそれぞれを別々に記録し続けるのだった。ときどき思い出したように，記録を照合したが，その結果得られたのは，あまり実用的だとはいえないにしても，きわめて正確なカレンダーであった。

紀元前738年頃にロムルス王が作成したローマ最初のカレンダーは，10カ月からなっていたが，春分（春の始まり）の祝典に始まり1月24日頃に終わる通算304日であった。余分の61日は，次の王ヌマ・ポンピリウスが太陰周期を導入して2カ月

を追加するまでは，勘定に入れられなかった。この新しい1年の長さは355日で，すぐさま季節と合わなくなったので，22ないし23日からなる余分な月が1年おきの年末に付け加えられた。このカレンダーが約300年あまり使用されて，紀元前450年になると，アッピウス・クラウディウスがカレンダーの並べ替えをおこなって，それまでは最後におかれていたフェブルアリウスの月を，ヤヌアリウスとマルティウスのあいだに入れた。けれども，この新しいカレンダーは公にはされず，神官たちの秘密にされていて，彼らが絶えず，勝手に日や月を付け加えたり差し引いたりして，それに手を加えたので，季節の移り変わりとまったく合わなくなってしまった。ようやく秩序が確立したのは紀元前46年のことであった。この年，ユリウス・カエサルがギリシア－エジプトの天文学者ソシゲネスと相談したのち，ユ・リ・ウ・ス・暦という名で知られるようになるものを考案したのであった。こんどは国家機密ではなくて，公文書であった。太陽との同調性を取り戻すため445日続いた「混乱の1年」のあと，彼はエジプトのやり方に従って，365日年を採用した。しかし，エジプト人が無視することにした4年ごとに生じる1日の誤差を補正するために，彼は閏年を導入した。その結果，通常の年には各30日からなる5カ月が31日からなる6カ月と交互に並んだが，ただフェブルアリウスは別で，29日であり，4年ごとに30日になった。彼の死後，またもや閏年のリズムがいじり回されて，このカレンダーも合わなくなってしまったが，これを紀元前8年にふたたび整理したのがカエサル・アウグストゥスであった。彼はまた，それまではセクスティリスと呼ばれていた月の名を自分の名に変えてしま

った。偶数と結びついている悪運を避けるために，彼はこの月を31日とし，フェブルアリウスから1日を減らしてしまった。こういう変更を加えられたカレンダーは，引き続きユリウス暦の名で呼ばれた。

　こうして，やっとわれわれの用いている現代のカレンダーの登場とあいなる。ユリウス・カエサルは知るよしもないことであったが，1年の長さにはまだ約300分の1日分の誤差が残っていて，時がたてば彼のカレンダーも太陽の動きと合わなくなるところであった。実際，太陽年の長さは365.25日ではなくて，365.2422日であるから，ユリウス暦で計算した春分は，何世紀もの時間の経過につれてだんだん早い日付に当たることになった。16世紀までには春分は3月初めになっており，それに関して何の手も打たなければ，やがてクリスマスの時期にまで移動してしまったことであろう。これに連動して復活祭の日曜日も移動してしまうので，トレント公会議はもういちどカレンダーを変更する権限を教皇に与えた[2]。これに応えて，グレゴリウス13世は，1582年10月4日の翌日は10月15日とすること，次の年から年の始めはユリウス暦に定める3月25日のかわりに1月1日とすること，そして各4世紀のうちの3世紀において，1世紀に1回の割合で閏年における余分な1日を削除することを命じた。こういうわけで，2000年と1600年は閏年であったけれども，グレゴリウスの修正がなければ閏年になるはずであった1900年，1800年，1700年には余分な1日は削られたのであった。2100年にはまた削られるであろう。

　グレゴリウス暦は，ロシア，英国とその植民地を除いたキリ

スト教世界で採用された。英国がこれに切り替えたのはやっと1752年になってのことで、この年、9月2日水曜日の翌日は9月14日木曜日となった。（このときまでに、古い暦はさらに1日分の誤差を貯め込んでいたのであった。）こういう事態に明るい面をみて、ベンジャミン・フランクリンは『アルマニャック』のなかで次のように書いたのであった。「こんな風に何日かが切り捨てられたからといって、親愛なる読者よ、驚いてはならないし、軽蔑のまなざしを向けるべきでもない。それだけの時間の損失を悔やむべきではなくて、諸君の経費が逓減され、気持ちもそれだけ安らかになるのだから、これを慰安だと受け取るがよい。自分の枕を愛する者にとって、今月の2日に安らかに床に就き、たぶん14日の朝まで目を覚ますことがないということは、何という楽しみであることか。」古いカレンダーによれば2月11日生まれのジョージ・ワシントンの誕生日が、今日では2月22日に祝われるのは、こういうわけなのである。

ロシアは1917年まで頑張った。10月革命が勃発したのは、新しいカレンダーによれば、実際には11月7日なのである。しかしながら、ロシア正教会は今日に至るまでグレゴリウス暦を採用しておらず、1月7日に新年を祝っているし、ユダヤのカレンダーも昔のままである。イスラム教徒のカレンダーはいまなお厳密な太陰暦であって、その1年は30日月が6つ、29日月が6つの計354日からなる。その結果、イスラム紀元の始まりから数えたグレゴリウス年の年数は、ムスリム年の年数といまや40も違っている。

それでは、われわれはカレンダーの物語の終点にいるのであろ

うか，それとも再調整の必要が将来また出てくる可能性があるのであろうか。そう，グレゴリウス暦は1年につき26秒の誤差を無視すれば正確なのである。つまり，足し合わせて1日になるまでには3,323年かかるような誤差である。さしあたりはこれで十分だと私は思う。

3
初期の時計
手作りのビート

　1日より短い時間の単位ということになると，われわれの手引きをしてくれるような自然のリズムは存在しない。サクソン人は1日をいくつかの「タイド」に分割していた。その痕跡が現在でも，「モーニングタイド［朝］」，「ヌーンタイド［昼］」，「イーヴンタイド［夜］」などの詩語に残っている。しかし，ギリシア人，ローマ人，中国人のいずれであれ，1日の細分をするようになったのは，近東の人びとから時について教えられてあとのことであった。宗教的あるいは神官的な見地からすれば，日，月，年といった期間は天空によって，それゆえ神々によって定められたものであった。これをさらに細分することは，人間の手によらねばならず，したがってうさん臭いことであった。

　1日全体を12の期間に（そしてその各々を30の部分に）分けていたシュメール人の長らく廃れていた慣習をもとにして単位を選んだと思われるが，バビロニア人は早い時期から昼間と夜間をそれぞれ6つの単位に分割した。けれども，われわれに24時間日を遺贈したのはエジプト人であった。紀元前第四千年紀の中頃から，彼らは昼間と夜間をともに12時間に細分していた。1時間を60分に，1分を60秒にさらに細分することもまた，バビロ

ニア人の発明であった。紀元前500年のローマ人は日の出と日の入りを記録するだけであり、それを元老院の建物の階段から、触れ役が告げるのであった。昼間の時が合図を用いて民衆に知らされるようになったのは、紀元前159年以降のことにすぎない。

キリスト紀元の始めには、ローマ人は昼間を5「時間」に分割していたが、紀元605年に教皇サビニアヌスはさらにこれに2時間を追加し、教会の鐘を鳴らして時間を知らせるように命じた。教会の定めたこの7時間制は、何世紀にもわたってヨーロッパにおける主要な1日の分割であったし、いまなお、ローマ・カトリック教会や英国国教会の礼拝の時間を定めている。しかしながら、夜のほうは、多くの場所において従来からの慣習どおりに、4つの「ウォッチ」あるいは「ベル」にさらに分けられていた。中東地方の低緯度地帯では、昼と夜とを一定数の部分に別々に分割しても、その単位がひどく異なる結果にはならなかったが、ヨーロッパ北部では、こうして決めた「時間」は、季節によって長さがずいぶん異なるのであった。

1日を分割するもっとも早い時期の測定手段は、もちろん、太陽の影であって、これはエジプトやメソポタミアでは昼間にはほとんどいつでも見ることのできるものであった。1日の時刻を示すのには、3つの方法が役立った。そのひとつは、あとでギリシア人がグノーモンと呼ぶことになる直立した棒、または高い記念塔によって投げかけられる影の長さを基礎にしていた。2つめは、影が、正午のいちばん短いときに示す方向に比べて、どちらを向くかを測るものであった。そして3つめは、持ち上げられた横木が目盛りのついた梁の上に投げかける影の位置によるものであ

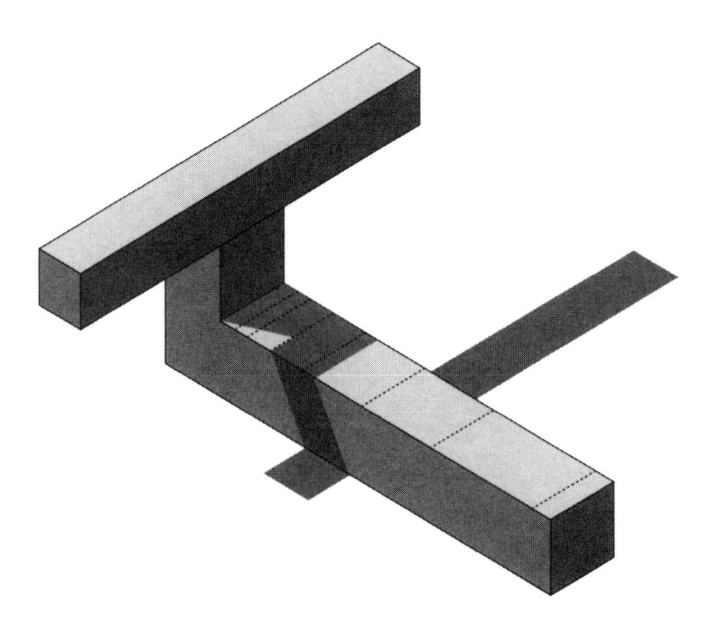

第4図 エジプトの日時計。午前中には横木を東方に向けて水平に置く。午後には西方を向くように回転させる。

った(第4図参照)。影の長さや方向を示すために用いられたもっとも有名な記念塔は、エジプトのオベリスクであった。これは、最初、紀元前2000年頃に建設された太陽神ラーの象徴であって、(正午の影の長さを測定することにより)カレンダーとして、また時刻を指示する装置としても役立った。贈り物あるいは略奪物として、ニューヨーク、ロンドン、パリがひとつずつオベリスクをもっているが、ローマには数個がある。影に頼るほかの方法は日時計を用いたが、この使用はヨーロッパでは何千年ものあいだ続いた。

こういう計時装置は闇のなかでは役に立たなかったから，夜間用には別の手段を考え出さねばならず，エジプト人は何世紀にもわたって夜間の時を知るのに星を頼りにしていた。ルクソールで紀元前12世紀に遡るラムゼス6世とラムゼス9世の墓から，星辰時間表が発見された。このような表を作成するためには，時間を知る別の独立した方法が必要であったが，それは，ギリシア人があとで・ク・レ・プ・シ・ュ・ド・ラ，つまり「水盗人」と呼ぶことになる水時計であった。この時計の本体は装飾された水容器で，底に開けた小穴から水が漏れ出るようにしてあったから，残っている水の水位を容器の内壁にある目盛りから読みとれば，経過した時間がわかるという次第であった。水時計の制作者として知られている最初の人は，紀元前16世紀中葉のエジプトの天文学者兼物理学者で，名前をアメネムヘト（名前が知られている最初の天文学者）といった。のちのことになるが，クレプシュドラはローマの元老院で長たらしい演説をする人を制止するのに用いられた。さまざまなしかたで洗練され改良されて，水時計はヨーロッパにおいて3,000年ほどにもわたってずっと使用された。

　水時計の最初の改良は，容器内の水位が低くなるにつれて水の流れが遅くなるという事実を補正する試みであった。後代の水時計では，上方に貯水槽をおいて，その水を漏斗状の容器にしたたらせ，ここで水を溢れさせることにより水位を一定に保った。この容器は少しずつ一定の割合で，下方にある第三の容器に水を落としていき，そこでの水位の上昇が浮きを持ち上げて経過時間を示すという仕組みである。第二の改良は，紀元前250年ごろにアルキメデスがおこなったものである。彼は浮きをギア装置につ

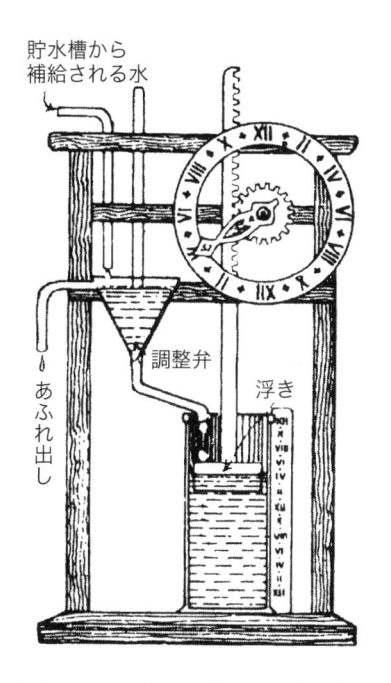

第5図 ギリシア・ローマ時代によく用いられたクレプシュドラ。

なぎ，いわば時計の文字盤に相当するものの上で針が回転するようにした（第5図参照）。

　何世紀もが経過するうちに，ギア装置は洗練の度を高め，季節の移り変わりにつれて変化する1時間の長さに対する補正を自動的におこなうほどになっていった。夏でも冬でも昼と夜はそれぞれが12時間に分けられていたことを思い出して頂きたい。時計の魅力を高めるために，動く装飾的な人形までが取り付けられた（第6図参照）。たぶん，そのなかでもいちばん見事なものは，ハルン・アッラシードからカール大帝に贈られたと伝えられている

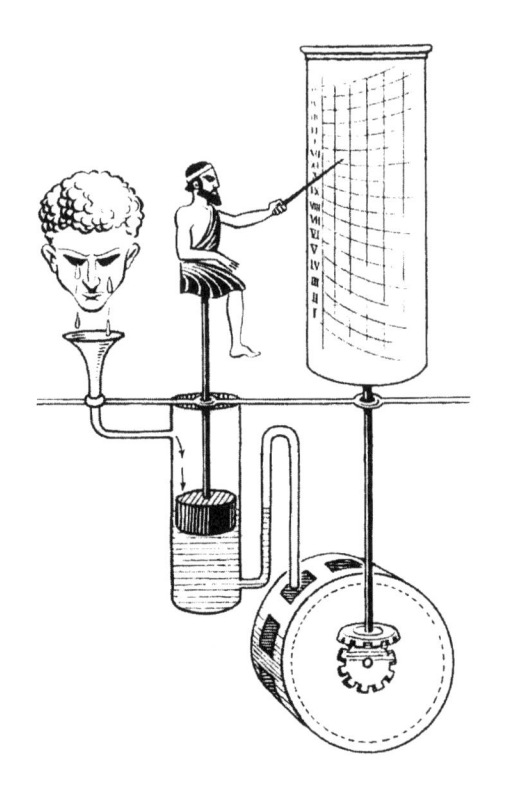

第6図　クテシビオスのクレプシュドラ（紀元前250年頃）。彫像の顔の眼から水がしたたり落ちるにつれて，人形が上昇して，垂直な円筒に記してある時間を指し示す。サイフォンの働きで，24時間ごとに人形は底まで降下するとともに，水車が回り，このため円筒は1年に360度だけ非常にゆっくり回転する。円筒に記されている目盛りは季節におうじて時間の長さを調節していた。

ものであった。美術的な細工のほかに，水時計に新たにつけ加わった重要な要素は音であった。絶えずしたたりの音を響かせるのは，のちの時計仕掛けのカチカチという音の原型になったし，もっと喧しいものでは，時を告げ知らせるために町の触れ役や鐘突きが登場した。この連中はあとになると，自動的にチャイムや鳥のさえずりや鈴を鳴らす装置に取って代わられた。

　水時計には重大な欠陥がひとつあった。水が凍るほど気温が低い場合には，使えないことであった。とりわけ北方の緯度帯では，純粋に機械的な装置が求められた。水時計を作動させる基本原理は，重力の影響下で水が一定の割合で流れることにあったから，13世紀の遅い時期に水時計と競合しはじめた機械時計は，軸に巻いた綱に吊り下げられたおもりに重力が及ぼす定常的な力を利用した。このとき生じる回転は，組み合わせた歯車によって，文字盤上の針や，鈴とか他の音を出したり，目に見えたり，動いたりする装置を制御する，ますます複雑化するさまざまな仕掛けに伝えられた。肝心な点は中心軸をできる限り一様に回転させることであって，この目的のために考案されたのが，脱進機という巧妙な仕組みであった。

　この独創的な装置の起源に関しては論争がある。この発明者は，紀元920年頃生まれのベネディクト会士ジェルベールであると，長いあいだ考えられてきた。彼は占星術に関する広大な，ほとんど妖術的な知識をもっており，のちに教皇シルヴェステル2世になった人物である。しかしながら，中国には官僚の蘇頌によって紀元1090年頃に建設された巨大な機械時計があって，そこに中心的な要素として組み込まれている脱進機は，中国でその300

年くらい前に作られた時計の心臓部をなしていたものだということである。

この中国の発明の知識がヨーロッパに到達していたのかどうかは，はっきりしていないし，ジェルベールがこのことを知っていたといういかなる証拠もない。われわれの知る限りでいえば，脱進機は約150年の時間差の範囲内でヨーロッパと中国で独立に発明された。蘇頌の巨大な天文学的時計塔が最終的には水力に頼っていたのに対し，ヨーロッパでは脱進機が用いられたのはおもりで動く計時装置であったという事実は別にしても，ほかのいくつかの細部に関して中国とヨーロッパの機械時計は大きく異なっていた（第7図参照）。

一様な進み方をする時計の推進力としておもりの自由落下を使用するためには，これを絶えず減速して，落下運動が不可避的にこうむる重力の加速度の効果を打ち消すことが必要である。これこそが脱進機の決定的な機能であって，その主要部分は冠型歯車とヴァージである（第8図参照）。落下するおもりに結ばれている綱によって冠型歯車が回転すると，それはヴァージの横側に取り付けてある「パレット」に引っかかり，運動は一時的に停止する。しかしながら，おもりをぶら下げた綱が冠型歯車に及ぼすトルクのために，歯車はふたたび回転しはじめ，一方向的に傾いている歯がパレットの脱出を許し，ヴァージを回転させるのであるが，そこに取り付けてあるもうひとつのパレットが歯車の歯を引っかけて，歯車をまた止める。こうして，このサイクルが繰り返されて，冠型歯車の回転が加速されないようにするのである。ヴァージに連結されていて，ゆっくり水平方向に振動する「棒てん

第7図 蘇頌と協力者たちが西暦1090年に建設した時計塔を図上に再現したもの。渾天儀と天球儀の双方を回転させる時計仕掛けは水車で動かされ，塔の内部にすっかり収められていた。正時および15分ごとに人形が目に見える身振りや音の信号で時間を知らせた。（原画はジョン・クリスティアンセンによる。）

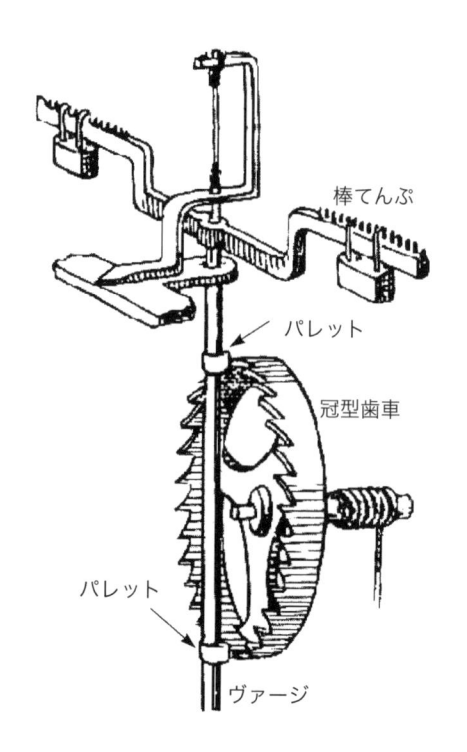

第8図 冠型歯車，ヴァージ，棒てんぷを用いた初期の脱進装置。冠型歯車の歯が非対称的な形をしているため，パレットは歯の片側を容易に滑り昇ることができて，歯車を回転させ，次いで落下してつぎの歯を引っかける。

ぷ」も，その慣性によって冠型歯車の一様な回転を確保するもうひとつの工夫であった。歯車の発作的ではあるが全体としては加速されない回転は，最終的には，時計の文字盤の針を動かすか，ベルを叩いたり人形を回転させたりする仕掛けを駆動するか，あるいはその両方をおこなうのであった。

　こういう機械時計は非常に大きくて，建設し維持するのに金が

第9図　有名なストラスブールの時計を描いた16世紀のエッチング版画。

かかったから，初めのうちは教会やその他の公共の建物においてのみ用いられた（第9図参照）。ロンドンのウエストミンスター・ホールにある国会議事堂では，ビッグ・ベンの前身がエドワード3世の時代に建設されたし（1381年に遡る修理記録がある），ノルマンディーのルーアンにある大時計は1389年の建設である。その後，家庭でも使えるくらいに十分小振りになってからでも，時計を買えたのは非常に裕福な家だけであった。富と権力の象徴になりはしたものの，こういう家庭用時計は，ひどく不正確な計時装置であった。1日のうちに30分以上も狂い，時刻あわせをしなければならなくなることがざらだった。

　けれども，17世紀も半ば頃になるまでは，正確さというのは機械時計にとって重要な要請ではなかった。もっぱら求められたのは，きわめて手の込んだ装飾や，それによって駆動される巧妙な機械仕掛けであった。人びとは，そういう装置が告げる時間の正確さよりも，魔法のように動く人形が与えてくれる楽しみのほうに，ずっと大きな関心を示したのである。そして，こうした人目を引く施設を建設した職人たちが発達させた厖大な技能は伝統となり，これに続く世紀にさまざまな原理にもとづいてもっと正確な時計を作った者たちを大いに利することになった。

　第10図に示すのは，たいへん創意に富んだイタリアの医師にして天文学者であったジョバンニ・デ・ドンディが1348年と1362年のあいだに設計し製作した「プラネタリウム」，つまり天文的時計を（彼の詳細な設計図にもとづいて），現代に製作し直したものである。ブリテンの『古時計とその製作者たち』は，おもりで駆動されるこの機械時計について，次のように記述してい

第10図　デ・ドンディのプラネタリウムの現代的な複製。スミソニアン協会蔵。

る。「複雑さの点で，これを凌駕するものはいまだかつて，まずありえなかった。デ・ドンディが，彼の内なる意識から読みとれる限り，解決した機械学的諸問題は，あの世紀には見るに足るべき機械の発明がほとんどないことと対比すると，奇跡的であるといわなくてはならない」[1]。この見事な装置に使われている伝動装置の多くは，今日に至るまで，ほかの機械仕掛けのモデルとして役立ってきている。

　時間経過の定義は，地球の，地軸の周りの回転や太陽の周りの公転という周期運動にもとづいていたにもかかわらず，時間を記録したり告知したりする初期の装置のうちで，本質的に周期的な物理現象を利用しているものはひとつもなかった。その代わり，それらがいずれも利用したのは，一様な割合で進行する過程であった。しかも，できる限りこの割合が実際に一定になるようにするために，さまざまな手段に頼るのであった。クレプシュドラの場合に，肝心な水の流れを一様にするために余分な容器を取り付けたり，機械時計の場合には，脱進機を付け加えたりするような具合にである。しかし，周期的な物理現象にもとづいていない限り，いくら巧妙にまた独創的に作られているにしろ，どの装置も進み方が太陽の時間からずれてきて，したがって，生物時計と同じように，しょっちゅう繰り返し時刻あわせをする必要が生じるのを防ぐ術はなかった。以前には，几帳面に時間を守るなどということは大した関心を惹かなかったが，ルネサンスの後に科学が勃興してくると，正確な時間測定が必要になった。しかしながら，真の意味で安定的な時計を組み立てることは，ガリレオが単振り子の諸性質を発見するまでは不可能であった。

4

振り子時計
自然のビート

　1564年に,ウィリアム・シェイクスピアより2カ月早く生まれたガリレオ・ガリレイは,われわれがルネサンスとして知る偉大な時代の科学分野を先導した人物である。ピサの数学者兼音楽家の息子であった彼は,成長するに及んで,喧嘩早く辛辣な人間になって,たちまち多くの敵を作ってしまったが,それは,彼の伝統に縛られることのない哲学的立場と,威勢のいい性格によっていた。力学においては,彼は普及していたアリストテレスの遺産に対抗して,ねばり強い議論を展開した。自分の見解を裏づけるために彼がやってみせた実験は,今日に至るまで物理を学ぶ学生が繰り返すように,自由落下や斜面を転がる物体を用いるものであった。アリストテレスの説とは異なり,質量の異なる物体も同一の速度で落下することを哲学者たちに実演してみせるために,彼がピサの斜塔から重さの異なる2個の大砲の弾を落下させたという逸話は,伝説になったが,どうも本当に起こったことではないようである。17年にわたって,彼はパドゥア大学の数学教授として盛名を馳せた。たいていの時間を運動の研究に当てたが,水中にある物体の浮力に関するアルキメデス理論についても詳論しているし,偶然に寒暖計の発明もおこなった。(温度の上

昇につれて空気が膨張することもとづいたこの寒暖計はあまり正確ではなかったけれども，科学的測定器具の嚆矢とみなしてよいものである。）1609 年に，少し前にオランダで望遠鏡が発見されたことに刺激されて，ガリレオの興味は天文学に移った。彼はただちに独力で——オランダのものよりずっと倍率の優った——望遠鏡を製作し，天空の研究のためにこれを使用した最初の人となった[1]。とりわけ，彼は木星の大きな月をいくつも発見し，それらがこの巨大な惑星を巡る衛星であるとして，その運動を説明する詳細な報告を提出した。彼の天文学書『星からの使者』の出版は，ヨーロッパ中に大きな反響を巻き起こし，彼にトスカナ大公の数学者兼哲学者に任命される道を開いた。その結果，彼の科学研究の舞台はフィレンツェに移った。

ガリレオは同時代人のヨハネス・ケプラーが提唱した惑星の楕円軌道を信じなかったけれども，自らの天体観測にもとづいて，自分が生まれる 21 年前に死んだニコラウス・コペルニクスが提案した太陽中心説の正しさを確信していた。彼がこの信念を公にできたのは，教会がこの説を異端であると宣言し，1616 年にその見解を放棄するように彼に命じるまでのことでしかなかった。それでも，バルベリーニ枢機卿が教皇ウルバヌス 8 世になったあと，ガリレオは，プトレマイオスの地球中心説とコペルニクスの太陽中心説という 2 つの体系を公平に記述して発表することを許されて，その著『2 つの主要な世界体系に関する対話』を刊行した。彼はコペルニクスを支持するために自らの観測を用いているから，この書物はとても公平といえたものではないことがわかり，すぐさま教会によって禁書とされた。1633 年にガリレオ

第11図　60歳のガリレオ・ガリレイ。

はローマに呼び出され，宗教裁判所から異端の廉で裁判を受けるように命じられた（真の咎は不服従であった）。これより33年前に，哲学者にして天文学者のジョルダノ・ブルーノは，まったく別の理由からではあったが，異端の廉で火刑にされており，その記憶が人びとの胸になお生々しく残っていた。死を免れるため

に，ガリレオは太陽中心説に対する一切の信仰を放棄することを余儀なくされた。もっとも，いい伝えによると，彼は法廷を退出するさいに "Eppur si muove"（「それでも地球は動いている。」）と呟いたそうなのであるが。彼が科せられたのは終身刑であったが，この判決はすぐさま，四六時中監視つきの自宅軟禁に変更された。盲目になってもなお自宅軟禁を解除されないまま，ガリレオは 1642 年に死んだが，この年の後半にアイザック・ニュートンが生まれているのは，近代科学の松明の引き継ぎを象徴しているかのようである。（ガリレオの死亡時期はグレゴリウス暦によって記録されているが，ニュートンの生年月日のほうは，当時まだ英国で用いられていたユリウス暦によったものである。）ガリレオの天文学的発見に対する教会の断罪が誤りであったと，教皇ヨハネ・パウロ 2 世がついに宣言したのは，1992 年のことであった。

　ガリレオの最初の重要な科学的発見は，理想的にいえば軽い紐につるされた重いおもりからなる単振り子の性質であった。すなわち，この振り子があまり大きく揺れない限り，その周期（ひと揺れするのに要する時間）は振動の振幅（おもりが描く弧の長さ）にはよらないということである。たぶんガリレオがこの発見をしたのは，序章で紹介した逸話とは異なって，音楽への興味からだったらしい。そのため，長さの異なる振り子を用いてそのリズムを調べてみたのである。彼が振り子を計時装置として最初に応用したのは，医学であった。それは患者の脈拍を測るためのプ・ルシロギウム・である。これは脈拍の割合を測るために振り子を用いたのであって，件の逸話の語るところとはあべこべであった。

　何年もあとに，時計の製作に関心のある息子のヴィンチェンツ

ィオや他の人びとと，振り子の周期が振幅にはよらないというこの奇妙な性質について議論していたとき，ガリレオは，適当な脱進機と組み合わせれば振り子が時計の心臓におくべき理想的なタイマーになるのではないかと思いあたり，連中と実験的なテストにかけてこれを確かめた。ガリレオ自身は，運動に関する有名な実験には水時計を用いた。振り子時計は，ガリレオその人が脱進機を設計する晩年まで，発達していなかったからである。彼の手になる脱進機は，以下の第13図に示した略図とは幾分違ったものであった。

　ガリレオの設計図にもとづいた時計が実際に完成したのは，彼の死後14年たってからのことであった。そして1667年には，大公フェルディナンド2世の命令で，アウグスブルクのゲオルク・レデルレが，この大科学者の設計による振り子調節器を組み立て，それを，フィレンツェはメディチ家の旧邸宅パラッツォ・ヴェッキオの塔の西正面にある単針大時計に組み込んだ。それは今日に至るまでそこに健在であり，いまなお1週間あたりの誤差が1分以内という正確さを保っている（第12図参照）。

　振り子を計時装置として使用しようという着想は新しいものではない——アラブの天文学者小イブン・ユニスがいち早く12世紀にそれを用いたと伝えられているし，そのような働きをする振り子を描いたレオナルド・ダ・ヴィンチのスケッチも存在している——とはいえ，その際だった特別の適性が明らかになったのは，その振動の周期の一定性（等時性）というガリレオの基本的な発見があってからのことなのである。

　第13図は，振り子と脱進機の組み合わせがどのように働くの

第12図　フィレンツェのパラッツォ・ヴェッキオの塔にある単針の大時計。

かということを，1670年以降に用いられた形式で示した模式図である。がんぎ車を支える軸は，初期の時計におけるように（そしてまた，伝統的な時計を複製するさいにもおこなわれているように）おもりを吊した紐か鎖で駆動される。のちの時代になると，それはつるまきバネで駆動されることになろう。しかしながら，回転の割合を調節するのはヴァージや棒てんぷではなくて，一定の周期で自由に揺れる振り子にしっかり固定されたアンカーのパレットであって，そのためにがんぎ車は所定の速度で（おなじみのチックタックという音を立てて）回転することになる。それと同時に，おもりのついた紐ががんぎ車に及ぼすトルクは，アンカーについているパレットが歯車の歯のひとつに引っかかるごとに，これに小さな蹴りを伝達することにより，摩擦のために振り子が徐々に静止していかないようにするのである。

　オランダの物理学者クリスティアン・ホイヘンスの実験によって，振り子の振動周期がその長さの平方根に比例することが発見された。つまり，周期を2倍にするには，振り子の長さを4倍にしなければならないわけだ。こういう次第で，振り子の端についているおもりを上下させるだけで，周期は簡単に調整できることになった。ガリレオが死んだとき，ホイヘンスは13歳であった。オレンジ家に仕える詩人兼作曲家兼外交官の息子であった彼は，ルネ・デカルトといったような文化的な有名人が出入りする家庭で育った。数学と法律の双方を学び，しかも多年にわたって父親の仕送りで生活したのち，彼は科学実験と自然研究に専念した。彼は光の波動説に独創的な貢献をしたし，天文学における彼の発見は，土星のリングや，この惑星の最大の衛星タイタンを含

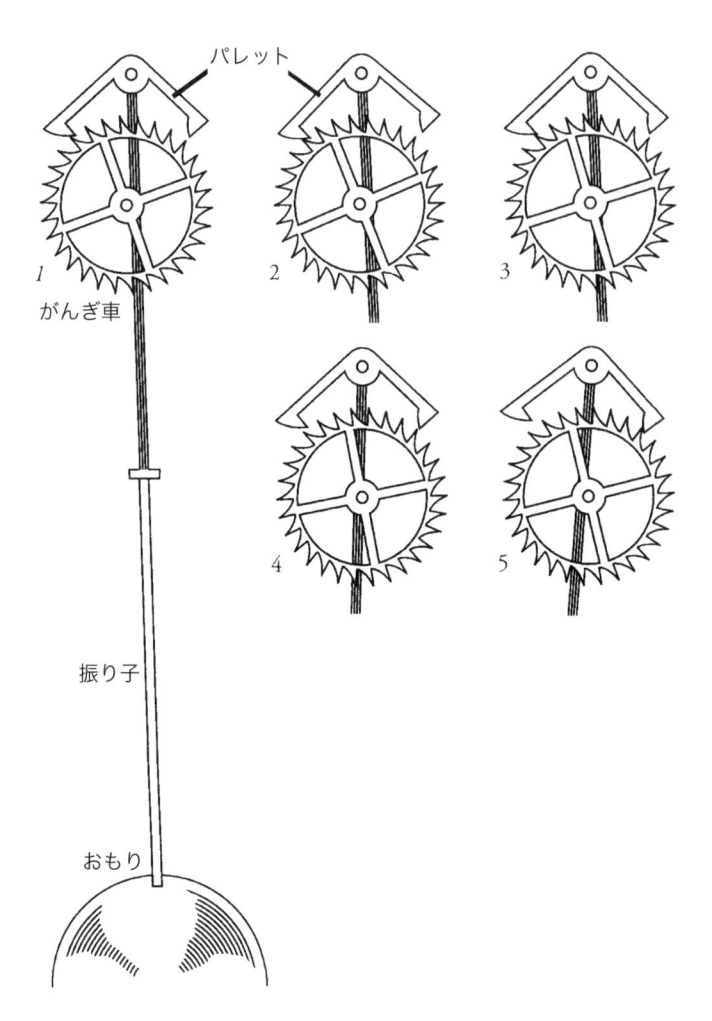

第13図　振り子を用いるアンカー脱進機の仕組み。歯が非対称的な形をしているため，振り子の揺れによってアンカーは車を駆動もすれば，その回転速度の調整もおこなう。

んでいた。

　実用的な見地からいえば，振り子時計の発達に対するホイヘンスのもっとも重要な貢献は，その正確さと信頼性を格段に向上させる着想にあったので，ときおり，ガリレオよりむしろホイヘンスのほうがその発明者にされるほどである。ホイヘンスは巧妙なサイクロイド状の懸垂装置を考案したが，これは，通常の振り子の振動の振幅が大きくなりすぎるとその周期が少々変わってくるという事実を自動的に補正してくれるものであった。後代の高性能の振り子時計には，この仕組みが取り入れられた。こうして，真の意味で正確だといってよい最初の機械時計が誕生したのである。その後の諸世紀に，それは巨大な影響力を発揮した。そのリズムは，天空のリズムと同じく，厳密に周期的な物理現象に支配されているから，繰り返し時刻あわせをおこなう必要はまったくなかった。いったん完成されれば，この時計は完全に自立しており，しかもきわめて精密にすることができた。

　今日のわれわれを面白がらせてくれるのは，現在グランドファーザー時計として知られている形の振り子時計が富裕層の家庭に以前より広く普及していったとき，人びとが最初，時計が不正確だと不平をいったことである。季節に関わりなく昼と夜とをそれぞれ同数個の時間に分けていた以前の習慣とは違って，これらの最新式の機械は，夏の夜の間よりも冬の夜の間に，頻繁に時を告げたからである。ルネサンス以前には，人びとは一様に進む時間を測る必要など全然感じていなかったのである。

　実際，現代の観点からするならば，時間の一様な流れを定義しているのは何であるのかと尋ねてみたくもなろうというものであ

る。この定義をわれわれに与えてくれるのは，振り子の揺れである。そして，これが定義として採用されたのは，ルネサンス以後の世界において科学的および実用的な目的のいずれにとっても，これが大いに有用であったからである。実をいうと，われわれが現在理解しているような，振り子時計で定義された時間の流れというのは，最初にわれわれにそのリズムを意識させることになったもの，つまり地球をめぐる太陽の見かけの回転と地軸の周りの地球の自転とで定義される時間の流れとは，少々異なっているのである。なぜか。

太陽の周りを地球が回転するために，ある日の出から次の日の出までの時間が，地軸の周りの地球の自転周期と完全には同一でないからである。思考実験の助けを借りれば，軌道を巡る地球の運動がそれだけで，昼夜の長さにどのような影響を及ぼすのか理解できる。地球がまったく自転をしないと想像してみよう。その場合でも，ある時期に地球が太陽に対してある側にあったとすると，半年後にはその反対の側に移っているであろう。したがって，いかなる所定の場所にいたとしても，1年の半分は夜で，残りの半分は昼になるであろう。夜から昼に移行するためには，1年に1回，太陽が昇らねばならないし，昼から夜に移行するために，1年に1回，沈まなければならない。こういうわけで，地球の自転とは無関係に，公転だけでも日の出や日の入りの時間にいくらかの影響を及ぼしているのである。そのうえ，1日の長さと自転周期のずれの精密な値は，太陽の周りの（円軌道ではなくて）楕円軌道を巡る地球の速度変化に依存する。地球の速度は，太陽に近くなれば速くなり，太陽から遠くなれば遅くなる。（その正確

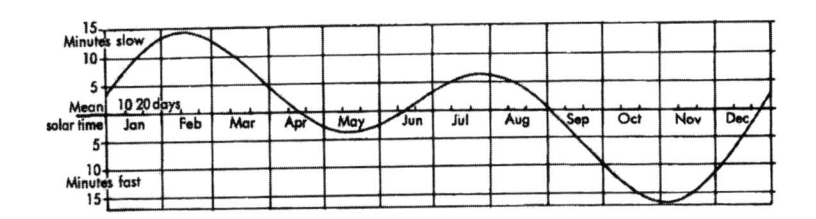

第14図 均時差。曲線が中央線より上にある部分では，平均時が日時計時に比べて遅れ，下にある部分では進んでいる。

な変わり方を教えてくれるのがケプラーの第二法則である。）その結果，日の出から次の日の出までの時間も変化するから，日時計で定義される時間の流れは，一様に振動する振り子で定義される平均時とは幾分違ってくる。この2つの時間の関係は，均時差と呼ばれている（第14図参照）。この関係を用いれば，振り子時計の示す時間を，1年の任意の時期の太陽を基準にした時計の示す時間に翻訳できるし，その逆も可能である。

原理的には，振り子の時間ではなくて日時計の時間のほうをもっとも基本的な定義として採用することも，まったく同等に可能ではあったであろうけれども，そうしたとすれば極度に不便かつ非実用的なことになったことであろう。そうなっていたとしたら，振り子が一様な割合で振動することを暗に含んでいるニュートンの第二法則を記述する運動方程式は，別の形をとっていなければならなかったことであろう。物理法則は，振り子の周期が季節ごとに変動するという結果に導いたであろうし，その後の物理学の一切の発展もひどく妨げられたことであろう。（われわれがここに見るのは，取り決めと，基本的物理法則と称されるもののあい

4 振り子時計 | 63

だの相互依存性の好例である。つまり，ニュートンの運動方程式は自然法則であるけれども，その有効性は，時間の流れに関してある特殊な考え方を採用したことにもとづいているのである。しかしながら，ニュートンにとっては，時間とは神から与えられたものであった。)

ルネサンスは，遠洋航海船を用いた真の意味の世界貿易や探検の始まりを画しているから，正確な計時装置に対するもっとも切迫した実用的要求が航海術から来ていることは，驚くにあたらない。船上に安定していて信頼できる時計があれば，船長は海上での船の位置の経度を確認することができるからである。経度──すなわち赤道を基準にした南北への距離──のほうは，1年の所定の時期における正午の太陽高度や夜間における北極星の高度から，比較的容易に知ることができた。けれども，船がロンドン，マドリード，あるいはヴェネツィアの母港から東あるいは西にどれだけ離れているかを決定することは，はるかにずっと難しかった。もっとも普通に用いられたのは推測航法であった。この方法は，コンパスによって進行方向を定め，ときおり船外に丸太を投げ落として，それがどれだけ後方に取り残されるかを測定して船の速度を推定し，地図の上でその進行具合を辿って船の現在位置を知るものであった。

もっとずっと正確に船の経度──これを緯度と合わせれば船の正しい位置が決定できるであろう──を確認する方法を，1522年に初めて提案したのが，ゲンマ・フリシウスという名で知られるフランドルの医師兼天文学者レニエ・エデルヘステインであった。彼は，太陽や星々からわかる局地時間に頼るのではなくて，

母港（あるいは経度が既知の任意の場所でも構わないが）の時間を間違いなく測れるような安定性のある時計を船上に携行すべきであると主張した。その時計の読みを，たとえば日時計が示す局地時間と比べてやれば，その差から，それぞれの場所で太陽が真上にある時刻のあいだに地球が360度のうちのいかほど回転したかが，したがって2地点の経度差がわかるというのである。たとえば，船上で太陽の示す正午が，最初に時刻が合わせてあったリスボンの正午に比べて1時間（＝24分の1日）だけ遅れていたとするならば，船はリスボンの西方15度の地点にいるに違いない。というのも，その間に，地球は24分の360度＝15度だけ回転したはずだからである。

　しかしながら，出発地の時間を正確に記憶しておくためには，絶えず調整を繰り返さなくてもよい信頼できる時計が船上になくてはならなかった。リセットを繰り返していたのでは，しまいには，船の母港の時間につねに同調しているという目的そのものを台無しにしてしまうからである。われわれはいまや，渡り鳥が飛行するのに内部時計に頼っていることを知っているわけであるが，ちょうどそれと同じように，われわれの船舶も——まったく同一の理由でではないにせよ——同じことをしているのである。鳥の場合には，彼らの概日時計が太陽や星々とともに正しい方向に進めるように助けているのに対して，船はコンパスを用いて進行方向を定め，時計を太陽や星々とともに用いて位置を決定できるのである。

　ガリレオが時計の調節に振り子を用いることを提案したとき，念頭にあったのは，航海中の船の経度測定という，ほかならぬこ

の喫緊の必要性であった（もっとも，彼は自分が発見したばかりの木星の月の観測を，経度測定に利用することも提案しているのではあるが）し，振り子時計の精度改良に取り組んでいたクリスティアン・ホイヘンスの場合も同じであった。

　この装置はどの程度まで安定性があり，信頼できるのであろうか。ちょっとした外部からの攪乱を受けただけで，すぐ狂ってしまうようなことはないのであろうか。この仕事の途中で，少し体調を崩し，ベッドでぶらぶらしていたホイヘンスは，単一の木箱のなかに吊してある2個の同一の振り子の運動を眺めているうちに，奇妙な現象に気がついた。2つの振り子の動きがどのように始まったかには関係なく，しばらく時間がたつと，必ず位相を180度ずらせて——つまり一方が左にならば他方は右に——揺れているのである。そればかりか，2つの周期が少しだけ違っていたとしても，しまいには同調してしまうのである。（生物系の内部時計も同じような同調効果をこうむることを思い出して欲しい。）ホイヘンスは，明らかに2つの振り子に共通する支持棒の微小振動によって伝達される（空気による伝達は実験によって排除されていた）この共感的な影響を利用して，もっと安定性があり正確な，2本振り子の時計が作れないかと考えたのであったが，このことを聞いた幾人かの王立協会の会員たちは，これをきっかけに振り子時計を海上での経度決定に使う可能性を諦めてしまった。こういう計時装置は，あきらかに外部からの微細な影響にあまりに敏感すぎると，彼らは考えたのである。

　いずれにせよ，通常のグランドファーザー時計がこの目的に合わないことはいうまでもない。船上では絶えることのない，そし

て時には激しい動きが，それに加えて航海中における温度や湿度の激しい変動が，その機構の正常な機能を妨げるのは確実であろうからである。航海の目的だけでなく家庭での日常的な使用にとっても，まず第一に必要とされたのは，テーブルの上に置いたり，さらには手軽に持ち運びできるような時計であった。大きな振り子時計をもっと小型に，そして可動性のあるものにするために変更しなければならない2つの部分は，それを駆動するおもりと調節する振り子という，2つの中心的要素であった。

　15世紀の後半に現在では主ゼンマイと呼ばれているものが使われるようになると，おもりは一掃された。（主ゼンマイの発見者は，ときどき，ニュルンベルクのペーテル・ヘンラインだといわれことがあるが，その根拠はあやふやである。）弾性のある鋼からできた，このつるまきバネは，ねじを使って円筒の周りに固く締め付けられる。1日が経過するにつれてこのバネがゆっくりほどけていくことが，紐を引っ張るおもりと同じ役目を果たしたのである。だが，主ゼンマイが発明されたのは，振り子脱進機より前であったから，主ゼンマイ付きの時計は，進み方を均一にするために別の機構——円錐滑車——を必要とした。これが使用された期間はごく短かったから，ここでその細部に立ち入ることはしなくてよいであろう。初期の主ゼンマイ駆動時計は，おもりで駆動される時計に比べてはるかにずっと小型であったけれども，1日につき1時間も進んだり遅れたりするなどまだはなはだ不正確であって，いろいろ手を尽くしても信頼性を高めることはできなかった。主ゼンマイが普及してからも，ある種のグランドファーザー時計ではおもり駆動がずっとあとまで使用されていて（私

4　振り子時計

第15図　イングランドの時計製造者デイヴィッド・ラムゼイの手になる17世紀の懐中時計。ケースはリモージュのエナメル製。

は父親が，わが家の食堂にあったのっぽの振り子時計を週に一度，鍵を回すことによってではなくて，おもりを持ち上げることで，「ねじを巻いて」いたことを思い出す），今日でもあい変わらず多くの複製品，とくに依然として人気のあるカッコー時計に使われているのである。

　主ゼンマイの発明は，逆しまになることもお構いなしに容易に持ち歩ける携帯用の時計の製作を可能にした。そのような「クロック・ウォッチ」は，ちょっと卵形をしているものが多かったが，最初，ニュルンベルクで16世紀に製作された。時には高度に装飾が施され，金持ちの首から誇らしげに鎖で吊されたこれらの時計は，ステイタス・シンボルになったが，それも，カルヴァン派の人びとや清教徒たちが，これ見よがしの見せびらかしを嫌って，ポケットのなかに携行しはじめるまでのことであった。こうして，20世紀の中葉までずっと人気のあった懐中時計が誕生したのだった。

　いうまでもなく，これらの時計にはまだ改良や洗練が必要であったが，それを提供したのは，スイスに多かった，高度な技術を備えた時計製作者たちであった。ジュネーヴ教会の指導者になったカルヴァンは，いかなるものであれ装飾品を見せびらかすことに渋い顔をし，宝石類の生産や着用を禁止した。その結果，以前は金細工師や宝石商を営んでいた者たちが，失業に直面して，時計生産に関心を移すことになった。こういうわけで，カルヴァンは，その居住地ジュネーヴの時計産業がその後，長きにわたって繁栄したことに，間接的に貢献したのであった。

　1564年にカルヴァンが死んだあと，彼の厳格な命令が緩和さ

第16図　17世紀，ストラスブールのコンラート・クライツァー製作の尼僧院長用の懐中時計。

れ，この地の職人たちはその時計製造技術と宝石加工技術を結合して，ますます豪華な装飾のついた時計を生産しはじめた。芸術的な装飾と宝石のついた時計は，王侯や貴族の珍重するところとなり，特別の祝い事などの引き出物として互いに贈り合うのであった。そんな贈り物を受け取ると，彼らはその宮廷付き時計師にそれを調べさせ，複製させ，可能であれば改良を加えさせた。こ

うして，精密時計の製造技術はまたたくまに全ヨーロッパに広がり，ロンドンが主要な中心地のひとつになったが，ジュネーヴがもっとも活動的な中心であることには変わりがなかった。20世紀を通じて，正確で信頼できる時計のシンボルは，やはり精巧なスイス時計であった。

5
その後の時計
どこにいてもわかる時間

　厄介な長い振り子——これは，おもりで駆動される時計と同じように，直立した状態でしか作動しなかったので，輸送や携帯が容易ではなかった——に取って代わって持ち運べるようになるものが，とうとう17世紀の後半にロバート・フック（あとでアイザック・ニュートンとの悶着に登場する人物）と，われわれにはなじみのクリスティアン・ホイヘンスによって発明された。彼らが発明したのは，ひげゼンマイであった。今日ヘヤスプリングと呼ばれているのはこれを改良したものであるが，それは非常に薄い鋼を螺旋形に巻いたものであって，それが交互にきつく締まったりゆるんだりして，それに結びつけられているてん輪を前後に回転させるのである。それを駆動する力はゼンマイの弾性的性質からきていて，振り子時計の場合のように地球の重力によるわけではないが，この装置の基礎をなす物理学は，振り子のそれと同じである。どちらも，一定の振動数で振動するという性質を共有しているからである。ひげゼンマイの発明は遅きに失するくらいであった。

　1707年10月22日の霧深い夜のこと，旗艦アソシエイション号に搭乗していた海軍提督クラウディスリー・ショヴェル卿と部

下の士官たちは船の現在位置を正確に把握できず，ブルターニュの西方にいると思いこみ，イギリス海峡に入るつもりで北東に進路をとった。イギリス海峡に入る代わりに，彼らはコーンウォールの先端の西にあるシリー諸島沖にあってビショップス・アンド・クラークスという名で知られる岩礁に衝突した。アソシエイション号は，あと3隻の英国海軍最新鋭の戦艦とともに沈没し，提督も含め約2,000人の乗組員が溺死した（後になって，提督は生きたまま海岸に漂着したのち，強盗に襲われ，殺されたのだという噂が流れた）。この悲劇のために，英国海軍は，航海中の艦船の正確な位置を知る信頼できる方法の発見が焦眉の急であることを，否応なしに痛感させられることになった。

　この事件の記憶と英国の艦船長たちからの無数の請願に促されて，英国議会は7年後に経度法を通過させた。そのなかでは，0.5度以内の正確さで経度を決定する方法を考案できた者には誰でも，（当時としては一財産であったが）20,000ポンドの賞金を与えると約束していた。1度の経度というのは赤道付近では約60海里の距離になるが，この距離は緯度の余弦に比例して変化する。だから，南部イングランドでは，経度1度分は約40海里である。したがって，要求されている正確さ――20海里――は，どうしようもないほど厳しいというものではなかった。この法律にもとづいて，受賞者の選考に公正を期し，また有望なアイディアをもっていても金に不自由している発明家を支援するために，経度委員会が設立されたが，その委員には王立協会会長，王立天文台長，海軍大臣，下院議長，それにオックスフォードとケンブリッジのサヴィル，ルカス，プルム数学教授が含まれていた。蓋

を開けてみると非常に沢山の提案が寄せられたが，それらは英国から西インド諸島への航海でテストされることになっていた。時計にもとづいた経度測定装置に関していえば，これは長い航海のあいだに 2 分以上の進みや遅れがあってはならないことを意味していた。

　18 世紀までには緯度 1 度に相当する距離について十分理解されるようになり，世界の海洋や大陸の輪郭が，ある程度まで地図に描かれていた。約 250 年前に，コロンブスはスペイン西海岸から中国東海岸までの距離がほぼ 2,400 海里にすぎないと推定して，大きな間違いを犯していた。現在のわれわれの知るところでは，実際の空中距離はこの約 4 倍なのである。彼の誤りの理由は，途中に横たわる大陸の存在を知らなかったことだけではなくて，緯度 1 度分の距離について誤った仮定をしたこと，それにアジアの大きさを過大評価したため，その東海岸が実際より近いと思いこんだことであった。こうした誤りの結果，彼は，目指す目的地までの本当の距離を知っていたとしたら企てることのなかったような，危険な航海に出発したのだった。これは，いうまでもなく，彼がアメリカを偶然に発見することになった航海である。西半球を訪れたヨーロッパ人は彼が初めてではないであろうけれども，彼の「発見」に刺激されて，地図製作者たちはいままでよりもずっと正確に地球の表面を測量するようになった。

　しかしながら，18 世紀になってもなお船乗りたちは，海上での位置を決定するに足る正確で信頼できる器具がないという不利な条件のもとにおかれていた。それも，経度問題の解決のためにスペインのフェリペ 3 世が賞金 10,000 ドゥカトを，オランダ

が25,000フローリンを，フランス国王ルイ14世が100,000フローリンを提供したにもかかわらずである。フェリペ王への書簡のなかでガリレオがおこなった提案は非実用的であるとして，（山のような珍奇なアイディアとともに）却下された。ガリレオの提案は，木星の衛星を観測して時間を決定する方法にもとづいており，彼は衛星の運動を詳細に記述していた。これらの衛星を固定時計の針として用いるというアイディアは素晴らしいものだったが，この天空の文字盤を揺れ動く船上から読みとるのは難題であった。天候の移り変わりに応じて見えたり見えなかったりするからである。

　結局，英国緯度賞金を獲得したのは，イングランドはヨークシャーの大工の息子で，きわめて創意に富んだ木製時計職人であったジョン・ハリソンだった。このコンテストに参加したとき，彼はすでに，多年にわたって1カ月間に1秒以上は狂わないような時計を製作していた。もちろん，そういう時計はまだ航海という厳しい試練には掛けられてはいなかった。高名なロンドンの時計製作者で，彼の予備的な設計図に感心していたジョージ・グラハムから若干の助言と融資を得て，ハリソンは緯度賞金コンペティションへの最初の応募作品で，現在ではH-1と呼ばれているものの製作に取りかかった。6年後にはこれを王立協会に提出する準備を整えた。木箱に収められ，重さが75ポンドで，歯車はすべて木製，天使や蔓植物や花冠の彫刻で飾られた表面に4つの文字盤のあるこの時計は，審美的観点からすれば文句のつけようのない逸品であった。けれども，緯度委員会が期間を短縮した試験航海をおこなってみると，要求された精度を満たさないこと

第17図 ハリソンの時計 H-4 の文字盤と後ろ板。

5 その後の時計

がわかった。しかし，この時計にひどく感心した委員会は，ハリソンに改良用の費用として500ポンドを——その半額は即座に，あとの半額は新製品完成の暁に——与えることに同意した。この由緒あるH-1は箱なしの状態でではあるが，いまなお動いており，グリニッジの国立海事博物館に展示してある。

　ハリソンは1741年にH-2を完成した。これは，前のものより装飾が簡素になり，真鍮製で，小振りな箱に収められていた。この時計は，温度変化やその他の海上での事故に対してははるかに優れた耐久性をもっていたが，公式のテストに掛けられることはなかった。それには2つの理由があった。第一に，ハリソンがそれを委員会に提出したときの態度が非常に自己弁解的であり，自らの製作品についても批判的であったため，彼が望んでいるのは，時計をさらに改良するように努力するので引き続き援助が欲しいということにすぎないと委員たちが判断したからである。委員会はこの援助を引き続き与えた。第二には，英国は当時，スペインと戦争していたので，遠洋航海する船舶には危険がつきまとったからである。こういう次第で，ハリソンはH-3の作業を開始し，19年をかけてこれを完成した。その間に，彼は1回あたり500ポンドの援助を5回受け，王立協会のコプリー金メダルを授賞されるという光栄に浴した（後にベンジャミン・フランクリン，アーネスト・ラザフォード，アルバート・アインシュタインに与えられた）ほか，王立協会の特別会員に推薦されたが，これは辞退している。H-3の製作が進行するにつれて，求められた信頼性を満たす時計に必要な大きさについてのハリソンの考え方が，大きく変化し，彼は携帯可能で，要求の満たせる時計を構想しはじ

めた。彼はこれを，七年戦争がたけなわの1759年に完成したが，海上試験がおこなえるほど海に平和が戻ってくるまでに，彼はもっと好みにあった時計を完成していたのだった。このため，H-3がテストを受けるために提出されることはなかった。

　最終的にジョン・ハリソンがこれならば満足できると思った時計H-4は，直径がわずか5インチで，重さが3ポンドであった。それは，摩擦を減らすためにダイヤモンドやルビー製のベアリングを使用するなど創意工夫に満ちていたし，装飾には唐草模様がふんだんに用いられていた。この小型で引き締まった驚異の品をテストするために，ハリソンの息子ウィリアムと経度委員会の2人の職員が軍艦デプトフォード号に乗り込んで，1761年11月18日にポーツマスからジャマイカのポート・ロイヤルに向かった。長い航海の最初の一区切りが終わるマデイラに船が到着してみんながほっとした——この船はビールを切らしてしまっていたので——のは，艦長が推測航法にもとづいて予測していたよりはずっと早いが，時計を用いた位置計算とぴったり一致する時刻であった。81日の航海をしてポート・ロイヤルに到着したとき，H-4にもとづいて計算したこの地の経度と天文学的手段で決定したものとを比較してみると，この時計は5秒しか遅れていなかったことがわかった。

　ジョン・ハリソンはただちに経度賞金を与えられて然るべきはずであった。しかしながら，長期にわたって続いた委員会の抵抗にあって，彼は賞金の半分より多くは手にすることができなかった。(伝えられるところによれば，王立天文台長自身が賞金に応募していて，賞金がハリソンに行かないように策を巡らしていた

のだという。彼の経度決定法は機械時計ではなくて，特別に作成された月行表に頼るものであった。）それからさらに10年という時間と国王ジョージ3世の調停，そして議会への特別請願があってはじめて，ハリソンは齢80にして賞金の残額を手にすることができたのであった。その3年後に彼は死んだ。

　経度賞金を獲得したこの時計を，それに先立つH-1，H-2，H-3と比べたさいの欠点は，その大きさが小さいために，毎日のねじ巻に加えて，油差しとか定期的な掃除といった系統的な維持管理が必要なことであった。（ほかの時計は，非常に精密に作られていたので，油も規則的な掃除も必要とはしなかった。）その結果，国立海事博物館に展示してある他の時計とは対照的に，H-4は生きた時を刻む時計としてではなく，停止した状態で展示してある。手をかけて動かし続けていたとしたら，長年のあいだにこの時計は取り返しのつかぬほどの損傷を蒙っていたことであろう。

　現代の船舶用クロノメーター——この語は，驚異的な生産性を発揮したもうひとりの時計製作者ジョン・アーノルドの造語だという——の設計は，ジョン・ハリソンの画期的な時計をあとでスイス人フェルディナント・ベルトゥーが巧妙に改良したものと，パリのピエール・ル・ロワが製作した別のモデルとにもとづいている。こういう設計にもとづいた船舶時計は，約250年にわたって，始終また世界的に使われてきた。だが今日では，地球表面上の任意の地点の座標は，全地球測位システム（GPS）の人工衛星を通じて数フィートの誤差範囲内で即座に確かめることができる。このシステムは，クロノメーターのように力学的な振動

子にもとづいているわけではないが、やはり精密に同調させた時計を頼りにして働くのである。使われる時計は、3個の人工衛星にひとつずつ乗せられたもの、それに位置を測るべき地上の点Pに置かれるものの計4個である。これらを用いて地点Pから各人工衛星までの正確な距離が測定されるのであるが、それはこの3つの距離を電波信号が伝播するのに要する時間を決定することによりおこなわれる。ついで、三角法の幾何学的な計算をコンピュータにやらせれば、Pの位置、つまり経度と緯度の双方が得られるわけである。地球上のどこにおいてもこのシステムが使えるためには、永久に軌道を巡る衛星の大きな網の目が張られていて、どの地点からも少なくとも3つの静止衛星が直線で結べるようになっていなくてはならない。だが、いうまでもなく、これはわれわれの話の筋からはずいぶん前方にはみ出してしまっている。

　大きさがきわめて小さくなり信頼度が向上した近代の機械時計は、日常の条件下での常時携帯に耐えるほど頑丈にするために、2つの副次的な改良を取り入れている。そのひとつは、周囲の温度が上昇するときに異なった割合で膨張する2つの金属から、あるいは温度変化に敏感でない特殊な合金から作られたてんぷである。もうひとつは、非常に重要な脱進機構に加えられたいっそうの改良である（第18図参照）。重要なといったのは、時計のもっとも繊細な部分でもあり、1年に約150,000回ものカチカチ音を立てるがゆえにもっとも摩滅を受けやすい部分でもあるからである。この改良のお陰で、非常に薄い時計の製作が可能になった。摩擦や摩滅を少なくするために、主要なベアリングは純宝石でできている。通常、「宝石」の数が時計の品質の指標と受け取られ

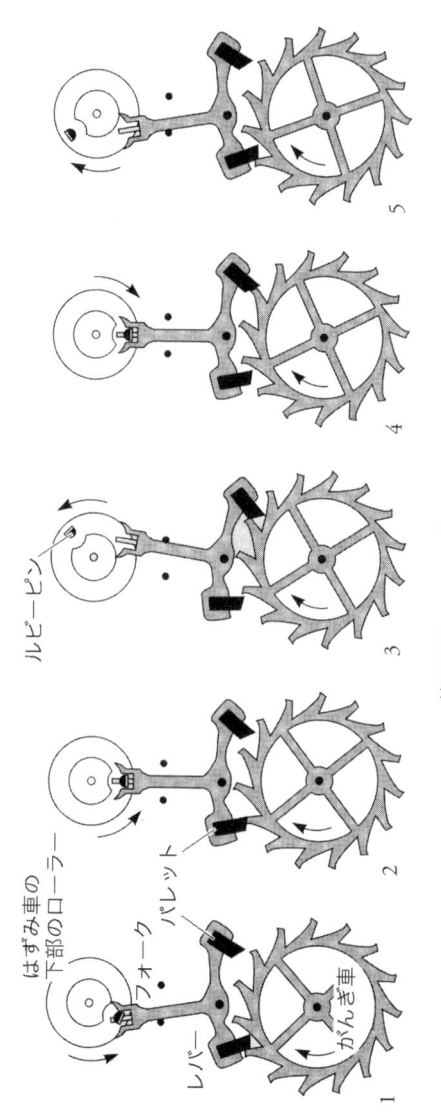

第18図 レバー式脱進機。

ているのである。

　鉄道が発達したために，19世紀のあいだに，信頼性があって正確な懐中時計や公共の時計はなくてはならないものになった。これ以前の時代には，公私双方にわたって時間を知る必要が生じたのは主として，ローマ帝国における元老院の開催といったような政治的機能か，会衆を教会の礼拝に呼び集めるといったような宗教的行事のためであった。だが，これらの目的には，高精度の時計などは必要ではなかった。実際，公共の時計の多くは，いまなおフィレンツェのパラッツォ・ヴェッキオの大時計が証立てているように，分針を持ってさえいなかったのである。だいたいのところ，1日の時刻以上の精密さを必要としたのは，わずかに海上交通と科学研究——とりわけ天文学——だけであった。1分以内の精度をもつ懐中時計が必需品になったのは，ヨーロッパやアメリカにおいて相互に依存した時間表に従って運行される鉄道網が建設されたからである。人目につく懐中時計を手に持って，1分も遅れない列車の出発を告げ知らせる，ダーク・スーツに庇付き帽をかぶった車掌は，時間厳守のシンボルとなった。こういう列車に乗り遅れたくなければ，乗客のほうも信頼できる時計を持っていなければなかった。

　鉄道は時間測定における正確さだけにとどまらず，ある種の地理的一様性をも必要とした。各地の太陽の動きに合わせて決めた局所時間によって運行される列車を結び合わせた大鉄道網の時間表は，大変に厄介なものであった。そこで，万人が同意するような一般的な時間がなければならなかった。幾年かの混乱ののち，1884年にワシントンで開催された国際会議で，英国王チャール

ズ2世が1675年にロンドンの近くに設立した由緒あるグリニッジ天文台を，経度ゼロの基準子午線が走る場所にすることに決め，すべての経度測定をここから始めることにした。そのうえ，グリニッジ平均時（GMT），つまりグリニッジ天文台で精密に決定された局所平均太陽時——局所恒星時に均時差による修正を加えたもの——を，世界中の航行の標準的な「母港」時間に選ぶという取り決めがなされた。協定世界時とも呼ばれる，このような時計の針の合わせ方は，西ヨーロッパの大半にとっては，まず問題はなかった。というのも，この地理的地域内では，この時間は局所時と大して違わなかったからである。（現に，ヨーロッパの大半が一般的な便宜のために採用した時間は，グリニッジ平均時より1時間だけ進んだものであった。）他方，北アメリカ大陸においては，東西間の距離が非常に大きくて，カナダ東岸に比べ太陽が沈むのが西岸では4時間（アラスカ西岸では7時間）遅かったから，単一の標準時では間に合いそうになかった。残りの世界は，それぞれ15度の幅をもつ24の異なる時間帯に切り分けられていたから，この大陸は8つの（米国本土は4つの）時間帯に分けられて，各時間帯のなかでは都合に応じて取り決められた局所時が一様に通用することになり，世界的な列車の時間表が作成できるようになった。しかしながら，20世紀中葉にいたってもなお，つむじ曲がりの個人主義を標榜する小地域がいくつか存在した。インディアナポリスの時計は，車で1時間ほど南にあるブルーミントンの時計に比べ，1時間だけ違っているので，ブルーミントンの住民は，列車や飛行機に乗ろうとする場合には，この違いを忘れないように気をつけなければならなかった。このような

気質はもはや存在しないけれども，夏季にほとんど普遍的にサマータイムが採用されるようになってからも——昼間の貴重な時間とエネルギーを節約するために 1918 年に初めて導入されたのであるが——，インディアナ州はこれと足並みをそろえることを拒み，1 年全体を通じて東部標準時に従っている。アリゾナ州とハワイ州もまた，サマータイムの採用を拒否している。

経度の異なる地点に異なる局所時が存在すること，あるいはさまざまな時間帯を設定することの不可避的な帰結は，・日・付・変・更・線の出現であった。アラスカのノウムでは火曜日に午後 10 時であるときに，ロスアンジェルスでは（ノウムより 45 度だけ東にあり，したがって 3 時間だけ早いから）水曜日の午前 1 時，ニューヨークでは午前 4 時，ロンドンでは午前 10 時，モスクワでは正午，北京では午後 7 時，カムチャツカ半島では水曜日の午後 9 時である。こういうわけで，北京とノウムとでは時計の上では 3 時間しか違っていないのに，カレンダーの上では 1 日の違いがある。ロスアンジェルスから北京に向かう旅行者は，ロンドンからニューヨークに向かうときに比べ，時計の上で調節すべき時間は少なくてすむが，日付を変更しなくてはならない。

北極から南極に走るある線に沿って，カレンダーにこのような割れ目が存在するのは避けられないことであるが，その位置となると，これはまったく恣意的である。国際的な取り決めによって，この線は太平洋上の居住者が少ない地域を走る子午線に沿って（多少のでこぼこはあるが）引かれている。不都合を最小限に抑えるためである。しかしながら，この地域の島の住民にとっては，その結果は奇妙なものである。もしサモアを月曜日の夜遅く

船で立って，フィジー諸島に向かうと，火曜日を丸々とばして水曜日の早朝に到着する。だが，水曜日の夜にそこを立ってサモアに帰れば，水曜日の早朝に到着するので，失った1日を取り戻すことができる。

　鉄道事業のために要求された時計の精密さの水準は，その後の科学研究や，航空事業のような日常業務には十分なものではなかった。そこで，これらの要求に応えるための計時装置を開発しなければならなくなった。携帯用，非携帯用の双方を含む近代的時計におけるもっとも重要な変化は，19世紀中葉に始まるが，さまざまな形態での電磁気の使用であった。まず最初に，大きな時計の場合にはたいへん時間を要する巻き上げの仕事をさせるために，電動モーターが付け加えられた。大きな電動モーターを装着してこの苦役を自動的におこなわせる以前には，ロンドンのビッグ・ベンの巻き上げをおこなうには3人がかりで5時間を要した。しかも，これを週3回やらなければならなかったから，45人時の仕事が1年間に52回繰り返されたわけだ。

　もっと重要な電気の使用が始まるのは，時計製作者たちが時間を測るのに音叉の振動を利用しはじめたときである。これらの振動は，バネや振り子の振動の場合とまったく同じ物理的原理に支配されている。振り子と同じように，音叉にはそれ自身の固有振動数があるが，これは，どんなグランドファーザー時計の揺れ動くおもりの振動数よりもずっと高い。音叉は1秒間に数百回の割合で，ブーンという音を立てて振動する。振動の単位はヘルツというが，これは，19世紀の後半に電磁波を発見したドイツ人ハインリヒ・ヘルツに因んだものである。時計の振り子の固有振動

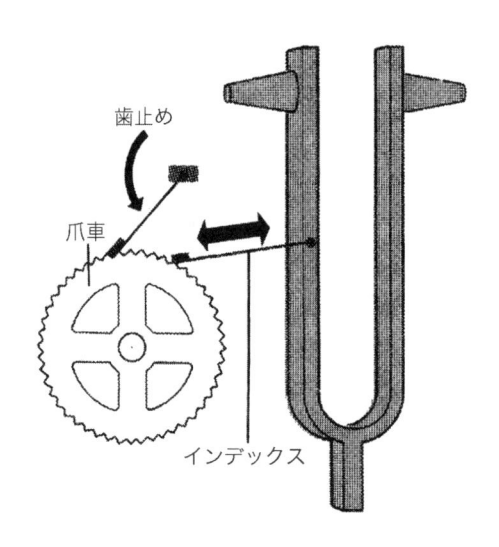

第19図 音叉時計。振動する音叉の脚がインデックスと呼ばれる小さなバネを押して爪車を動かし、これが時計の針を回転させる。歯止めが爪車の逆回転を防止する。

数はほぼ1ヘルツであるが、音叉のそれは400ヘルツの帯域にある。この振動は、振り子の脱進装置に似た機構（第19図を参照）によって機械的に伝達されて、時計の針を動かす輪を回転させる。一方、音叉のうなりを維持するのは、周期的に加えられる電磁気的刺激である。商業的にはアキュトロンと呼ばれているこの装置は、高精度の時計である。

結晶にもとづいた雲母振動子を用いて、さらによい結果が得られた。自然は、鋼のバネの端や音叉の上で働いているのに似た弾性的な復元力によって、結晶面を安定させている。したがって、ガリレオが見た揺れるランプ、機械時計のひげゼンマイ、そして

5 その後の時計 | 87

音叉などとまったく同じように，結晶もその振動の振幅には無関係な固有振動数をもっている。ただ違うのは，この場合には1秒あたりの振動の回数が，音叉のそれに比べてもはるかにずっと大きくて，100万ヘルツ（MHz）の領域にあるということである。砂丘や砂漠の砂としてごく普通にまた豊富にみられるシリカの結晶体である雲母がとりわけ有用なのは，それに圧電性があることがわかったからである。つまり，圧縮されると電圧を生成し，引っ張られるとその逆向きの電圧が生じるのである。

　そこで，平らな雲母の結晶の両側を金属板で覆い，ここに振動電圧を加えたとしてみよう。交互に向きの変わる電気力が結晶を圧縮したり引っ張ったりするであろうから，結晶はいやいやながら——「いやいやながら」というのは，結晶には内部復元力やどこにもある摩擦があるからだ——加えられた場と同一の振動数で振動を始めることになろう。結晶の圧電性のほうは，これに対する応答として，振動電場を生成するであろう。もし加えられた電圧がたまたまちょうどぴったり結晶の固有振動数で変動する場合には，結晶はその抵抗を放棄し，自前で力強く振動し，加えられた場を強化するような場を産み出すであろう。ここに生じた現象は共鳴と，そしてこの装置のほうは共鳴器と呼ばれている。

　時計の心臓部に雲母共鳴器を用いる原理は，脱進機付きの振り子の場合に類似している。振り子の場合には，おもりの吊り下げられた紐か主ゼンマイによって回される駆動軸から生じるトルクが振り子に小さな刺激を伝達して，その振動を続けさせる一方，振り子の固有振動数が，駆動軸の回転率を制御する。雲母共鳴器の場合には，付加電圧が結晶の振動を維持し，振動する雲母の固

有振動数が生成される電場の振動を制御するのである。雲母振動子が力学的な振り子に対してもっている利点としては，非常に小型にできるので持ち運びが容易なこと，振動を維持するのにエネルギーがほとんどかからないこと，そして超高精度で作動することなどがあげられる。グリニッジ天文台で以前の機械時計に取って代わった雲母時計の安定なことといったら大したもので，1秒間に何百万回という割合で生じる振動の1日あたりの総回数が，連日，2回以内の範囲でしか変化しないのである。

いうまでもなく，共鳴器の電圧振動は，目に見えるような時間の表示に翻訳してやらなくてはならない。これをおこなう方法のひとつは，電子的な手段であって，結果は液晶上にあるいは発光ダイオードを通じて数値的に表示される。もうひとつは，生成された電圧に小さな電動モーターを駆動させ，これを交流電圧と同調するように回転させて，時計の文字盤の針を回させるというやり方である。このような方法で製作された時計は安価で，耐久性があり，きわめて正確なものにすることができる。それだけではなく，2個のこのような時計を，全地球測位システムの作動に必要とされるように，非常に精密に同調させることが可能なのである。

圧電性結晶の自然振動は，時間測定の正確で比較的安定した手段ではあるが，長期間にわたって完全に信頼できるわけではない。結晶は老化するにつれて，振動の周期が減少していき，時計の役割を止めてしまうからである。他方，原子が放出する光の色——すなわちこの光を構成している電磁波の振動数——は，完全に不変である。これが原子時計の基礎をなす原理である。この装置の

一例は次のように働く。

　セシウム（ナトリウムに似た金属）元素の原子は，中心にある核とそれを取り巻く 133 個の電子の雲からなっているが，これらはいずれも小磁石に似た振る舞いをする。外部から電磁場をかけてやって，いちばん外側にある電子－磁石の向きを逆転させると，原子のエネルギーがある一定量だけ増大する。しばらくすると，この磁石はもとの正常な向きに戻ることになるであろうが，そのさいに原子はエネルギー差を蛍光の形態で処分し，ラジオ波の領域にあって振動数がきっちり 9192.631770MHz の電磁放射の量子を放出する。そもそも最初に電子－磁石の向きを反転させるためにも，これと同じ振動数の放射量子が必要である。こういうわけだから，ラジオ波領域の振動数の電磁波ビームを，すべての原子のいちばん外側の電子－磁石が低エネルギーの正常状態にあるようなセシウム気体の入ったガラス球に当て，ビームの振動数を変化させるダイヤルを回してやると，磁石が無理矢理に回転させられるまさにその振動数のところで，突然，ビームの大部分が吸収されてしまうのである。このエネルギーの多くは，原子の外側電子の磁石を反転させるのに使われ，この吸収は，ガラス球を通過したビーム強度の減少として容易に観測可能である。このようなやり方で，ラジオ波の振動数はセシウム「共鳴」にぴったり同調させることができるので，この振動数で定められる割合で時計を駆動するのに，このビームを使うことができる。

　あとひとつだけ不正確さが残っているが，それは，ゼロでない温度の気体のなかにあるセシウム原子がおこなう通常の不規則運動から生じるものである。この難点を克服するために，最新の時

計では，6本の赤外レーザー・ビームにセシウム原子を軟らかく押させてボール状に固まらせ，噴水のようにこれを上向きに押し上げて，しまいにボールが静止し，重力のもとでゆっくり落下しはじめるようにする。ラジオ波のビームは，軌道の天辺でまさに静止状態にあるセシウム原子のボールに向けられる。これが噴水時計と呼ばれるものであって，現存するセシウム時計のうちでもっとも正確なものである。このようにして，時間の進む割合が，自然界そのものに内在する基準に頼って安定的にまた絶対的に固定され，決定されるのである。時間の単位——1秒の長さ——が，現在，国際的に定義されているのは，このようにしてなのである[1]。

　ピサの聖堂で揺れるランプにガリレオが夢中になったといういい伝えからは，ずいぶん遠いところまで来てしまった。けれども，商業活動および科学研究の双方を含めた現代生活の多くの面できわめて重要なすべての計時装置は，その心臓部に，ガリレオの振り子とその振動を支配しているのと同一の科学的原理を利用しているのである。これらの基礎的な物理法則を調べてみると，われわれは，時間の流れに関する考え方だけにとどまらず，ほかならぬ世界の構造に関する概念をも根本から変更することになる結果を見いだすことであろう。

　革命的な貢献を可能にした振り子の性質の初等物理学を理解するために，われわれはギアを入れ替えて，もっぱら歴史的であった記述から科学的な記述に進まなくてはならない。われわれはまた，3世紀以上の時間を遡って，ガリレオが死んだ直後の時代に戻らなくてはならない。

6

アイザック・ニュートン
振り子の物理学

　ガリレオは振り子の等時性を自然界の事実として発見したけれども、自分の独創的な洞察を基礎づける理由を提出したわけではなかった。この説明のためには、アイザック・ニュートンの偉大な業績を待たなければならなかった。

　父親の死後、1642年のクリスマスの日（当時イングランドではまだ用いられていなかったグレゴリウス暦によれば、1643年1月4日）に、リンカンシア州のウールズソープに生まれたアイザック・ニュートンは、おもに祖母の家で育てられた。のちに気むずかしく孤独で淋しい大人に育つ、この「真面目で、寡黙で、思慮のある若者」は、がらくたをいじり回したり（とりわけ、水時計を作ったり）、図を描いたりすることを好んだ[1]。彼の家族はまったく無学であって、母親は彼を農夫にしようとした。ところが、ほとんどもっぱら聖書とラテン語の学習に当てられたグラマー・スクールの教育を終えたとき、彼はひとりの叔父の支援を受けて学業を続けることになった。ニュートンは1661年にケンブリッジのトリニティ・カレッジに「サブサイザー」(subsizar)、つまり他人のために雑用をすることで学費をまかなう苦学生として入学することができた。彼がバチェラーの学位を得て卒業する

第20図　83歳のアイザック・ニュートン（イーノック・シーマンによる肖像）。

はずであった1665年に，大学はペストの流行のために約2年間，閉鎖されることになった。このため，ニュートンはこの期間のほとんどを故郷に戻って過ごした。

　これこそ驚異の年（*anni mirabiles*）と呼ばれる期間であって，その間に，ニュートンはまったく孤立した状態で研究を続けなが

ら，数学，天文学，光学におけるほとんどすべての独創的な業績の土台を据えたのである。その後の30年間を暮らすことになるケンブリッジに戻ると，彼はケンブリッジの特別研究員になり，26歳で数学のルーカス教授職に就任した。当時のほかの指導的な科学者たちと文通はしたものの，ニュートンはほとんどひとりきりで，神学的考察（彼は異端のアリウス派の熱烈な信奉者になっていたが，この信仰はケンブリッジにおける彼の将来にとって重大な危険をもたらす可能性があった），錬金術の実験，そして大著『自然哲学の数学的原理』などの仕事を熱心に続けた。友人の天文学者エドマンド・ハリーの財政的援助を得て，この大作はかなり遅延したのち，1687年に刊行され，すぐさま全ヨーロッパで画期的な著作であると認められた。このなかで，ニュートンは万有引力の法則，運動の法則，それに微積分法を初めて定式化した。微分積分法というのは，彼がわざわざ物理学で用いるために創始した数学的手続きであるが，数学の広大で，恐ろしく豊饒な分野の種子となるものであった。運動の法則と重力の法則を組み合わせると，リンゴの落下，地球の公転，月の運動が統一的に理解できるのである。

　『原理』の刊行後，ニュートンは外部の世界ともっと頻繁に接触するようになった。彼はケンブリッジ大学からの国会議員（ケンブリッジ大学とオックスフォード大学はともに議会に固有の議席をもっている）に選ばれたし，クリスティアン・ホイヘンスにも会ったが，その光の波動説には賛成しなかった。それだけでなく，彼はほかの優れた科学者たちとはほとんどつねに論争状態にあった。彼は，これまた論争好きの王立協会員ロバート・フック

が得た結果を無断で発表して，いざこざを起こしたし，彼とは独立に微分積分法を発見したゴットフリート・ヴィルヘルム・ライプニッツを剽窃の廉で不当にも非難したりした。この論争のために，英国の数学者と大陸の数学者は長期間にわたって反発しあうことになった。最終的には，数学界が採用することになったのは，ライプニッツの方法と記法であって，ニュートンのものではなかった。仕事と絶えざる争いの重圧からニュートンは深刻な鬱病におちいり，病後は別の方面に関心を移すことになった。1699年に彼はロンドン造幣局長に任命され，その3年後には王立協会長に選ばれて，死ぬまでこの地位にあった。しばらくのちにはアン女王が彼にナイトの位を与えたので，彼はいまやサー・アイザックになった。

1704年にニュートンは光の諸性質に関する研究結果をまとめて，『光学』を刊行した。彼は反射望遠鏡の最初の製作者であったし，自らの実験にもとづいて，白色光は多数の色のスペクトルからなっているという重要な新しい結論に到達していた。しかしながら，光の基本的な性質に関しては，ニュートンは間違いを犯していた。すなわち，ニュートンは光が固い粒子からなっていると考えていたのである。ホイヘンスの波動説のほうが真理に近かった。もっとも，これも約200年後に修正を加えなければならなくなったのではあるが。「巨人たちに肩車されて」とはニュートン自身のことばであるが，ガリレオがやり残した仕事を継続した近世科学革命の創始者ニュートンは，1727年に死んだ。国葬が営まれ，ニュートンはウエストミンスター寺院に葬られた。国王のように，とヴォルテールは記した。

ガリレオが発見した振り子の性質の基礎となる理屈を理解するためには，ニュートンの運動法則を思い出さなくてはならない。この特殊な事例に適用してみると，運動法則は，振り子の振幅が小さい範囲にとどまっている限りその周期は振幅に依存しないという事実も含めて，振り子の振動を完全に記述してくれるのである。

　ニュートンの新しい物理学は，ガリレオが開始したアリストテレスとの断絶を最終的に遂行するものであった。この古代ギリシアの哲学者が教え，世の人びとが2,000年にわたって信じてきたところによれば，物体は力を加えられない限り動かないということであったのに対し，ニュートンの第一法則が主張するのは，いかなる力も働いていない場合には，物体は静止状態，あるいは一様な直線運動を続けるということである。つまり，力の効果は物体を加速することにあるというのだ。（物理学で使用される広義の意味では，「加速」とは文字どおり速さを上げることだけではなくて，単に方向を変えることをも意味するのである。）具体的にいえば，ニュートンの第二法則が主張するのは，加速度aを産み出すためにはaと同じ方向を向いた$f = ma$（mは運動物体の質量である）という大きさの力が必要だということである。もし数個の物体が互いに力を及ぼしあっているならば——ニュートンの第三法則によると，物体Aが物体Bに力を及ぼすならば，BはAにそれと大きさが等しく，逆方向を向いた力を及ぼす——，第二法則はそれらの各々の力に当てはまるのである。すべての物体の最初の位置，最初の速度が与えられている場合に，時間の経過とともに各物体がとる位置を知ろうとして，これらの方程式を

解くためにはニュートンの微分法を使わなければならない。以後の250年のあいだには，物理学と数学の双方において，彼の仕事を土台にした爆発的な新展開や新発見がみられた。

　ニュートンの第二法則——運動方程式——を実際に使って，それを振り子の振動という特殊事例に適用する前に，われわれは次のような議論で，振り子の運動の周期pが長さの平方根に比例するというホイヘンスの結果を導出することができる。これは物理学者たちが次元解析と呼ぶ方法である。この問題に登場する基本量は長さ，時間，質量，それに重力の大きさだけであるが，重力の大きさは自由落下の加速度gで測ることができる。ガリレオに従えば，この加速度はすべての物体に対して同一であることを思い出しておこう。自由落下する物体はすべて，毎秒9.8メートル／秒だけ速度を増す。加速度は単位時間あたりの速度変化であり，速度は単位時間あたりの距離であるから，加速度gの「次元」は(距離／時間)／時間＝距離／(時間)^{2}である。振り子の周期は揺れの振幅にはよらないことをガリレオが発見していたから，われわれが使えるのは振り子の長さl，重力の加速度g，それにおもりの質量mだけである。これらの量から周期p——「時間」の次元をもつ量——を得る唯一の方法は，lをgで割って距離を相殺させて「時間」の二乗を得，この結果を開平して「時間」を得ることである。すなわち，pはl/gの平方根に比例しなければならない。(次元解析によると，振り子の周期がおもりの質量とともに変化することはありえないことに注意しよう。mを相殺するような「質量」次元をもつ適当な量がほかには存在しないから，純粋な時間だけを得るわけにはいかないからである。) 実際，す

ぐあとでやってみるように、ニュートンの運動方程式をきちんと解いてみると、得られる結論は $p = 2\pi\sqrt{l/g}$ である。しかしながら、ホイヘンスはこういう論法のどちらも用いたわけではなく、実験によってこの法則を発見したのだった。

　小角度で振動する単振り子の運動を説明し、この運動を詳細に記述するためには、ニュートンの第二法則を適用して、少々、数学の計算をしなくてはならいであろう。（数学にアレルギーのある読者には、以下の数ページをとばしてもらっても構わない。）第21図が示しているように、力 F はおもりの釣り合いの位置に向かっており、したがって、中心からのおもりの変位の方向とは逆向きである。2つの三角形の相似性から $F/W = x/b$ が出てくるが、これは近似的に x/l に等しい（図からわかるように、x が l よりずっと小さいため）から、おもりを加速しようとする力の大きさは $F = xW/l$ になる。他方、同じおもりが紐に吊されているのではなくて自由落下していた場合には、加速度 g を受けるはずだから、ニュートンの第二法則により $W = mg$ となり、結局、振り子のおもりに働く水平方向の力の大きさは $F = xm(g/l)$ に等しい。

　こうして、単振り子、すなわち調和振動子の運動を決定する方程式は、加速度が中心からの距離に比例し、中心に向いていると教える。おもりが遠くへ行けば行くほど、それだけいっそう減速され、ついには運動が停止し、反転するわけだ。そこからは加速度が運動の方向を向いているから、おもりが釣り合いの位置を通過するまで運動は加速されるが、通過後は変位が負で、加速度が正符号になるから、またもや減速して停止し、逆戻りする。その

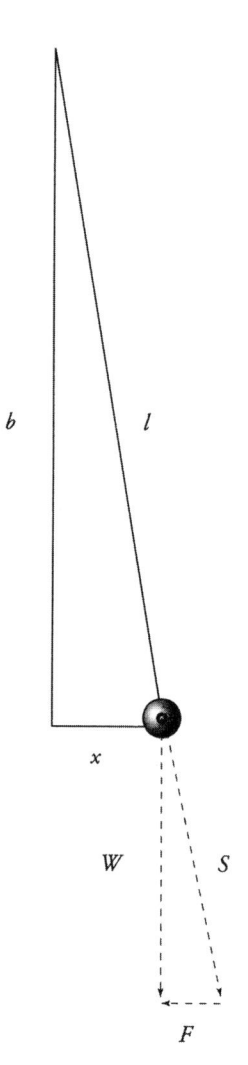

第21図 振り子に働く力。おもりに働く重力は，紐に働く張力 S と，おもりを釣り合いの l に引き戻す水平方向の力 F とをつくりだす。揺れが小さい場合には，円弧の一部をなすおもりの実際の経路は，図に示したように直線で近似できて，b は近似的に l に等しい。

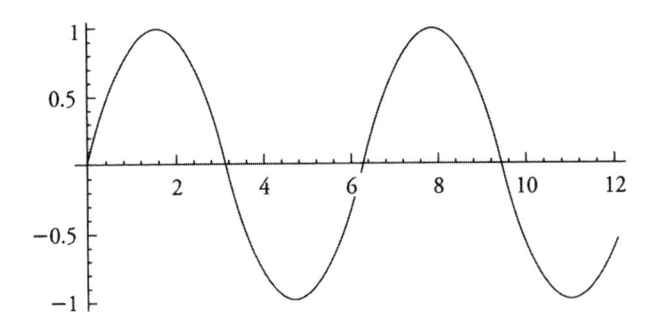

第22図　関数 $\sin y$ のグラフ。

うえ,中心から x の距離にあるときの加速度の大きさは $a = F/m = x(g/l)$ である。

　この方程式の解はグラフで表示することができる(第22図参照)。おもりが変動する速度で左右に揺れるとき,横軸に時間をとって揺れの距離 x を画いた結果は,図に見られるような振動する正弦曲線を何倍かして,左右に何回も繰り返したものである。この曲線は正弦関数 $x = A \sin y$ である。振り子の振動の振幅——その揺れの最大値——を表わす定数 A は方程式から決まるのではなくて,振り子が運動を始めるさいの初期速度,あるいは振り子を放してやるさいの角度によって決まる。他方,y は時間 t に比例していて,y が増加する速さによって振り子の周期 p,つまり振り子が一往復するのに要する時間が決まる。この時間は角度 y が一回りして $360° = 2\pi$ ラジアン増加する時間に等しい。(ラジアンで表わした y は,半径が 1 で,中心角が y のピッツァの一片の外殻の大きさであるから,360度 が 2π に対応するわけである。)したがって $y = 2\pi(t/p)$ となるから,時間が 1 周期に等しい

場合には $y = 2\pi$ である。周期を用いる代わりに，これを振動数，すなわち1秒間あたりのビート数で表わしてもよい。もし振り子が1秒あたり2回揺れるならば，明らかに1回の振動をおこなうのに要する時間は2分の1秒である。1秒あたり3回揺れるならば，1回の振動にかかる時間は3分の1秒である。つまり，振動数 f は周期 p の逆数なのである。この結果，われわれは $y = 2\pi ft$ と書くことができる。

正弦関数 $x = A \sin(2\pi ft)$ の重要な数学的な性質のひとつは，時間 t におけるその加速度が $a = (2\pi f)^2 A \sin(2\pi ft) = (2\pi f)^2 x$ で与えられることである。それゆえ，上で述べた結果，すなわち $a = F/m = x(g/l)$ を用いると，$(2\pi f)^2 = g/l$ 書き直せば $p = 2\pi\sqrt{l/g}$ となって，われわれが先に次元解析で得た結果と一致する。（これで数学的な付けたりはおしまいにするから，アレルギーのある読者も肩の力を抜いてもらいたい。）

調和振動子の詳細な振る舞いを説明することに加えて，ニュートンの第二法則を具体化する運動方程式は，揺れる振り子がもつもうひとつの重要な性質を含んでいる。それはフランスの物理学者ジャン・ベルナール・レオン・フーコーが，天文観測の目的で使用していたカメラ（銀板写真がこの直前に発見されていた）の回転を振り子におこなわせる装置を，注意深く観察して発見したのであった。フーコーは1819年に，本屋兼出版業者の息子として生まれた。彼は一生をパリで暮らしたひ弱な小男であったが，いくつかの重要な科学的貢献をおこなった。そのひとつは，真空中および水中における光の速度を初めて実験室内で測定したことである。

彼が発見した振り子の性質というのは，その運動の平面——不動の垂直線とおもりが動く線を含む鉛直面——が，おもりを吊り下げた点を通る鉛直線の周りにゆっくり回転するように見えるということであった。この見かけの回転の起源は，ニュートンの運動方程式から出てくる「角運動量保存則」のためにこの平面が空間内に固定される事実にあると気づいた彼は，これこそ地軸の周りを地球が自転することのもっとも直接的で目に見える証明であると結論した。これが事実であることを簡単に納得するためには，北極上で吊した振り子を想像してみればよいであろう。地球は北極の下で地軸の周りを単に回転するだけであるが，振り子の平面は空間内で固定されているから，地球の上の観測者からみれば，地球ではなくて平面のほうが回転しているように見えるのである。他の地点について，この効果の細部を視覚的に説明するのはちょっと難しくなるが，その原理は同じである。フーコーは，パリのパンテオンのドームから巨大な振り子を吊り下げて，この現象の華々しい公開実験を計画した。今日，世界中の科学博物館に大きなフーコーの振り子が展示してある。パンテオンの振り子はいまでもそこにある。この発見と，角運動量保存則にもとづくその解明から歩を進めて，フーコーはジャイロスコープという，航海の面できわめて重要な多くの応用をもたらすことになる装置を発明した。彼が死んだのは1868年で，享年はわずか48歳であった。

　調和振動子——ガリレオの揺れるシャンデリアを抽象化したもの——とその解を記述する第22図の正弦関数は，ニュートン以後，物理学のほとんどすべての分野に登場した。歴史的にいえば，この関数の起源は幾何学にあるが，紀元前3世紀のギリシアでと

りわけ天文学に応用された。これを力学で運動の記述や物理系の時間的振る舞いに用いるのは、広汎な影響を及ぼした近代的な革新であったが、それはニュートンの運動の第二法則を用いて振り子を分析することから始まった。古典力学に関する限り、この振動関数があらゆる場所に顔を出す主な理由は、中心からの距離に比例して、つまり x の一次式として変化する引力というのが考えうる限りもっとも単純な状況だということである。そのような一次的な、つまり比例的な振る舞いは、引っ張られたバネや圧縮された結晶が及ぼす力にも同じように当てはまるのである。だからこそ、ひげゼンマイが振り子に取って代わって、持ち運びができて信頼性もある機械時計の製作を可能にし、ついで雲母結晶が電気を利用して、ひげゼンマイに取って代わることもできたのである。

　そのうえ、たとえある物体に働く引力が距離に比例して変化しないとしても、変位が小さければたいていの場合に一次式で十分に近似できるのである。いうまでもなく、これは振り子の場合に生じていることにほかならない。振り子が大きく揺れる場合には、おもりを釣り合いの位置に引き戻す力は距離には単純に比例しないからである。この場合、おもりの描く弧を直線で置き換え、第21図において b を l で置き換えた近似はもはや成立しない。振動の周期が振幅にはよらないというガリレオの観察は、運動の全過程を通じて釣り合いの位置からのずれの角度が小さい範囲にとどまっているような小振幅の場合にだけ、成り立つのである。それより大きな振幅の場合には、振り子はホイヘンスの考案にかかる巧妙なしかたで修正してやらなくてはならない。この仕組みで

は，振幅が大きくなっても，復元力が一次性を保つようにしてあるのである。

こういうわけで，時間への正弦関数的な依存性というのは，自然界に見いだされるほとんどすべての小振動を記述する，きわめて広汎に観測される現象なのである。これらのもっとも重要な特徴は——あとで使うので繰り返していっておくと——各瞬間における加速度が変位の倍数に負号を付けたものに等しいこと，そしてこの倍数が振動数の二乗，すなわち $(2\pi f)^2$ に比例するということである。

調和振動子のもっと広汎な応用可能性を理解するためには，ニュートンの死後ほぼ1世紀たって数学で生じた発展について一瞥しておかねばならない。これに主として貢献した数学者は，ジャン・バプティスト・ジョゼフ・フーリエであった。1768年にフランスはオグゼールの町の仕立屋の息子に生まれたフーリエは9歳の年に孤児になり，教育を受けたのは陸軍士官学校であったが，ここで最初に彼の数学への興味がかき立てられた。彼は政治に強い意欲をもち，行政能力もある多面的な人間に成長した。フランス革命の間に，恐怖政治の犠牲者を弁護したという廉で，彼はロベスピエールに逮捕され，釈放されたが，ロベスピエールの処刑後に再逮捕され，彼を支持したという嫌疑でしばらく投獄されていた。

このとき，フーリエはナポレオンの魅惑のとりこになってしまった。エジプト遠征に参加したのち，彼は皇帝からさまざまな外交的な職務や高位の行政職に任ぜられた。彼は男爵に，そしてのちには伯爵になったけれども，ナポレオンがエルバ島から帰還し

たのち，自分の恩人の新体制に抗議して職務から退いてしまった。これ以後，彼はすべての時間を数学の研究に傾注した。以前には，暇な折りにしか研究できなかったのだ。アカデミー・フランセーズ会員および王立協会の外国人会員になった彼は，エジプトで感染した病気の後遺症のために 1830 年に死去した。

フーリエの素晴らしい発見は，任意に与えられた時間の関数が相異なる振動数をもつ正弦関数の和として書き表わせるということであった。いいかえれば，第 22 図に描かれた正弦曲線的な振る舞いは，ほかのすべての時間的振る舞いの土台をなしているとみなすことができるのである。その意味は，いかなる時間的振る舞いも，すべて相異なる振動数と振幅を持つそのような多数の正弦曲線を足し合わせた結果になっているということである。与えられた関数は，その「フーリエ係数」，つまりこの関数のなかにそれぞれの振動数が現われている強度によって完全に特徴づけられる。

たとえば，瞬間的にスイッチを入れて電流をマイナス C という一杯の強さで 1 秒間だけ流し，ついで瞬間的に反転させて次の 1 秒間はプラス C という強さで流したとしてみよう。この結果は振動数が 2 分の 1，2 分の 3，2 分の 5，...（サイクル／秒）の正弦的に振動する寄与の和として書き表わすことができて，これらの振動の相対的な大きさは，第 23 図に示すように，それぞれ 1，3 分の 1，5 分の 1，...になるのである。

物理的にいうならば，このような分解は，任意の与えられた時間的変動現象が，相異なる周期の多数個の———一般には無限個の———調和振動子から作り出されたものだと想像することにより解

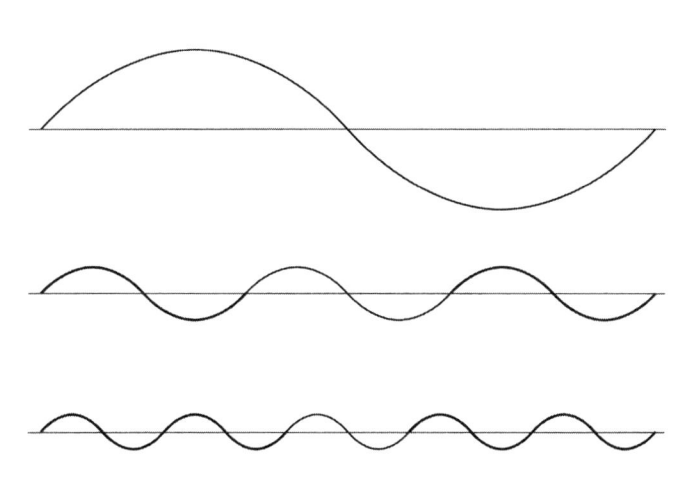

第23図　2つの水平な直線からなる最上段の曲線は、（各々が正や負の定数を乗じられた）無限個の正弦曲線の総和に等しい。そのうちの最初の3つを示す。

釈できる。それだけでなく、この現象を解析するためには、一時にただひとつの振動数の解析に限るほうがずっと簡単であり、多くの場合にはそれで十分なのである。簡単だといったのは、各振動数について、減速率は変位に振動数の二乗を乗じたものに比例するからである。多くの現象を、比喩的にいえば、振り子の集合に変えてしまうこの単純化がきわめて強力に働くのは、19世紀に発展した物理学の2つの新分野、音響学と電磁気学においてで

ある。われわれはそちらに話題を移さなくてはならない。

7

音と光
どこにもある振動子

　音の科学のもとは，古代ギリシアの哲学者，数学者，そして神秘家であったサモスのピタゴラスとともに始まった。彼が生きたのは西暦紀元前560年頃から480年頃までであったが，その生涯や教えについては，死後200年もたってから書かれた相互に矛盾する出典から知られるのみである。エジプトやバビロニアを広く旅したのち，ピタゴラスはイタリア南部のクロトンに落ち着き，大きな影響力をもつ哲学的ならびに宗教的な団体を設立した。

　ピタゴラスは「万物は数である」と信じていた。彼は，自分の竪琴の弦を用いた実験から，非常に美しい和音が非常に単純な数の比に対応するという理論を展開した。8度の和音が2対1に，5度の和音が3対2に，4度の和音が4対3に等々という具合にである。これは今日われわれが音程という名で呼んでいるものの，そして音響学の原-科学の起源であった。このあと，これに貢献した人びととしては，アリストテレス（紀元前4世紀），ローマの技術者ウィトルウィウス（紀元前1世紀），それに紀元6世紀のローマの哲学者ボエティウスなどがあげられる。

　しかしながら，ピタゴラスから約2,000年後，音響学を真の科学に変えたのはガリレオであった。彼は振動の研究をおこな

い，振動数と音の高低との関係を記述した。この関係はすでにボエティウスがほのめかしていたものだった。振り子の等時性に関するガリレオの結果もまた，音楽に対する彼の関心にもとづく実験の結果であった。こういうわけで，音の研究と調和振動の諸性質のあいだの密接な関連には，深くて連続した歴史的な根っこが存在するのである。フランスの数学者マラン・メルセンヌ（1588-1648年）がおこなった張られた弦の振動に関するもっと詳細な研究——1636年に出版された彼の『調和の書』はこれにもとづいている——は，のちに成長してくる音楽音響学という分野の土台になった。けれども，運動する弦の運動を本当に理解するためには，アイザック・ニュートンが運動の法則を定式化するのを待たなければならなかった。40年後にこれらの法則を振動一般に応用した最初の人は，オランダ-スイスの数理物理学者ダニエル・ベルヌーイ（1700-1782年）であった。ベルヌーイの家系は，科学におけるバッハの家系のようなものだといってよいであろう。彼自身の寄与に加えて，彼の父親，叔父，2人の兄弟，1人の従兄弟，2人の甥がそれぞれ物理学と数学に重要な貢献をしているのである。

　もっと広範囲の音響学が完全に開花したのは，イギリスの物理学者ジョン・W. ストラットの仕事によってである。1842年にエセックス州のラングフォード・グローヴで生まれたストラットは男爵の息子で，父親が死ぬとこの称号を引き継いだ。彼が広く知られるようになったのはレーリー卿という名前によってである。彼は生活の一切を科学研究に捧げることにして——当時は世襲貴族が軍事，行政，教会以外の職業に携わることはきわめて異例の

ことであった——，邸宅内に実験室をしつらえた。レーリーは王立協会の会長に選出され，ケンブリッジ大学の総長に選任された。彼の研究は，今日では古典物理学と呼ばれている分野のすべてにまたがっており，そのいくつかは，20世紀初頭に生じた物理学における革命への道を切り開くのに貢献した。数ある彼の著書のなかでも，2巻からなる『音の理論』は記念碑的な大作であって，約1世紀のあいだ，この分野のバイブルであった。彼は1919年に死んだ。

　音とは何だろうか。ピタゴラスが導入した魔法の数には，どんな科学的な理由が隠されているのであろうか。それから，音は振り子とどのような関係があるのだろうか。17世紀以前には，鐘の鳴る音が聞こえるのは，音源から発する目に見えない粒子の流れが耳に達するからだ，というのが支配的な見解であった。こういう考え方は，ドイツの学者アタナシウス・キルヒャーが初めておこなった有名な実験によりきっぱり否定された。この実験は，彼が1650年に刊行した『音楽汎論』に記述されており，それ以降，無数の公開講義において繰り返された。彼は密閉した広口瓶のなかに鈴を置き，なかの空気をポンプで少しずつ抜いていって，鈴の音がだんだん小さくなり，しまいには聞こえなくなるのを聴衆に聞かせたのであった。しかしながら，十分な真空状態を作り出すほど強力なポンプがなかったから，キルヒャーは音を完全に消滅させることはできず，音の伝搬には空気は必要でないという誤った結論を出した。10年後に完璧な公開実験をやってのけるためには，アイルランドの物理学者ロバート・ボイルが発明するはるかに改良の進んだ真空ポンプが必要だった。18世紀と19世

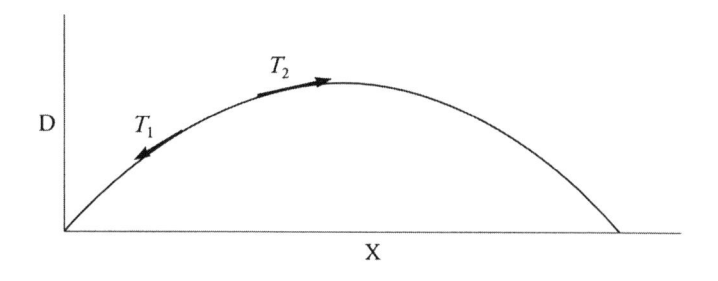

第 24 図　引っ張られた弦の断片に働く力。（この図では弦の曲率が誇張して描かれている。）

紀のあいだに少しずつ明らかになってきたのは，音が，実は，空中において周囲の圧力の微細な変化から生じる波であり，教会の鐘，爆発，声帯，楽器，その他の音源の振動により産み出されるものだということであった。

　弦楽器による音の生成の基礎にある物理学を理解するために，ぴんと張った弦をはじいたときにどんなことが起きるのか眺めてみることにしよう（第24図参照）。（もういちど，数学は苦手だとおっしゃる方々への警告であるが，以下の数ページは少々の努力が必要となるだろう。）質量 m の微小断片の各々がニュートンの運動方程式 $F = ma$ に従っているとして，まず左辺のほうから考えてみよう。曲がった弦の各部分に働いて釣り合いの位置に向かう力は，2 つの張力 T_1 と T_2 が，ほぼ逆向きに引っ張りながらも，完全には同一線上にはなく——弦が真っ直ぐではないので——，したがって完全には相殺しないという事実の結果である。（重力の効果は小さいから，ここでは無視してよい。）この合力は——これは傾きの変動から生じるが，その傾きはまた釣り合いの

位置からの変位の変動であるから——，弦の単位長さあたりの変位の変化率の変化に比例する。これは，ちょうど，加速度が単位時間あたりの位置の変化率の変化であるのと同じようなものである。だから，これは加速度もどきと呼んでもいいかもしれない。その結果として得られる方程式は，左辺には距離xに関する加速度もどきがあり，右辺には本物の加速度があるが，波動方程式と呼ばれるものであって，物理学ではほかにも多くの場合に姿を現わす。

ここでわれわれはフーリエのやり方を利用して，特定の振動数fに関心を集中することにしよう。そうすると，波動方程式の右辺の加速度は，ある負の定数にf^2を，それにさらに変位Dを乗じたもので置き換えられるから，方程式は調和振動子の方程式と同じ形になる。ただ違う点は，加速度もどきはxの関数であって，本当の加速度のように時間tの関数ではないということである。この方程式の解はまたもや正弦関数であって，弦の変位Dは$\sin(bx)$に何か定数を掛けたものでなければならず（弦を$x=0$で固定しておけば，そこでは$D=0$であるから），加速度もどきのほうは$-b^2$掛ける変位に比例する。右辺が$-f^2$に比例し，左辺が$-b^2$に比例するのであるから，fはbに比例するということになる。

しかしながら，弦の長さLには制限が課せられる。その両端が固定されているからである。これは$x=0$に対してのみならず，$x=L$に対しても$D=0$でなければならないことを意味する。正弦関数$\sin(bx)$がゼロになるのは$bx=0, \pi, 2\pi, 3\pi, \ldots$の場合であるから，$x=L$で$\sin(bx)=0$になるためには，$b$には勝手な値は許されず，$b=\pi/L, 2\pi/L, 3\pi/L, \ldots$のうちのいずれかの値を

第 25 図　引っ張られた弦の基本振動とその第一，第二高調波。

取らなくてはならない。（第 25 図はそれに対応する弦振動の形状を示している。）われわれは f が b に比例することを先ほど知ったわけだから，弦が振動できるような b の対応する値にそれぞれ比例するさまざまな振動数もまた，ピタゴラスが正しく見抜いていたように，互いに整数比をなすことになる。振動数のいちばん小さいものは基本波，2 番めは第一高調波，等々と呼ばれている。

　管楽器のマウスピースやオルガンパイプの空気柱の振動の基礎をなす原理も，弦の場合と同じである。打楽器のように二次元の構造をもっている場合には，事情はいくらか違っている。金属板やドラムの膜は，表面に交叉して動かない入り組んだ節線を作り出し，複雑なしかたで振動する。水平な金属板の上に砂をばらまき，板の端をバイオリンの弓でこすって，こういう網状模様——板の動かない部分に砂は集まり，振動する部分からは跳ね飛ばされるのである（第 26 図参照）——を初めて目に見えるようにしたのは，ドイツの弁護士あがりの物理学者エルンスト・クラードニ（1756-1827 年）であった。ナポレオン・ボナパルトはこの公開実験から大きな感銘を受け，こういう図形を説明できた最初の数学者に授与する賞を創設した。1816 年にこの賞を受賞したのはゾフィー・ジェルマンであったが，彼女は女性であることを理由に大学で勉学することが許されなかった人であった。これらの

第 26 図　正方形板の振動モードを示すクラードニの図形。

場合には，振動のスペクトル，すなわちこういう二次元表面が振動して交叉する節線を作り出すことができるような許容振動数は，一次元の弦の場合よりもはるかに複雑であって，金属板あるいはドラムの境界の形に大きく依存する。

7　音と光　115

近代の楽器の弦は——管楽器のマウスピースや空気柱および打楽器の表面についても同様の議論が当てはまるが——，ずっと大きな表面積をもつ共鳴板を通じて振動を周囲の空気に伝達する。共鳴板は同じ振動数の小さな圧力変化——圧縮や希薄化——を産み出し，これが波の形で伝わって広がり，ついにはわれわれの耳に達するのである。各々の純粋な楽音は 20 から 20,000 ヘルツのあいだで振動する調和振動子のある単一の振動数，あるいはたぶん楽器によって変わるいくつかの上音——高調波——を含んだものに対応している。そのうえ，雑音の一部であれメロディの一部であれ，あらゆる音はフーリエ成分に分解可能である。つまり，あらゆる音は，各々が一定の振動数をもつ空気の調和振動子の重ね合わせからなっており，そのうちにはわれわれに聞こえるものもあれば，聞こえない——その振動数がわれわれの耳で捉えるのに低すぎたり高すぎたりするために——ものもあるのである。だから，まるで音の下にはガリレオの振り子の集合が潜んでいるかのようなのである。

　19 世紀に始まったもうひとつの科学で，徹底して調和振動子を利用しているのは，電磁気学である。電気力や磁気力が存在するという知識は古代ギリシアに遡る（*electron*（エレクトロン）とは，当時，電気力を及ぼすことが知られていた唯一の物質である琥珀に対するギリシア語であったし，*e lithos magnetis*（エ・リトス・マグネティス）は，地中で磁化した自然状態で見いだされ，現在，磁鉄鉱と呼ばれる鉄鉱石の一種に対するギリシア名であった）が，こうした断片的な知識がまともな科学の分野になるのは，18 世紀中葉のことであった（ベンジャミン・フランクリンと嵐のなかの凧の話を思い出して欲しい）。だから，

第27図　若き日のマイケル・ファラデー。

われわれの話は19世紀から始めることにしよう。

1791年にサリー州ニューイントンの貧しい鍛冶屋の第三子として生まれたマイケル・ファラデー（第27図）は大した教育も——数学はほとんどまったく——受けることなく，14歳のときロンドンへ製本屋の徒弟に出された。猛烈な読書家であった彼は

7　音と光　117

ラヴォアジエ（ふつう近代化学の創始者とみなされているフランスの科学者）の著書を貪り読み、『エンサイクロペディア・ブリタニカ』の記述から電気について勉強し、なけなしの金をはたいて自力で実験装置を組み立てた。19歳のとき、彼はシティ・フィロソフィカル・ソサイエティでもっとまともな科学の勉強をはじめ、王立研究所におけるハンフリー・デーヴィの講義や公開実験に出席して、丹念にノートを取った。21歳になって製本屋での徒弟期間が切れたとき、彼は幸運にも、実験室事故のために一時的に盲目になったデーヴィから実験を手伝ってくれないかという申し出を受けた。

　若きファラデーの能力に強い印象を受けた大化学者は、ファラデーを自分の常勤の助手に採用し、フランスやイタリアを回って当時の主要な科学者たちを歴訪する2年間の旅にも同伴した。この旅でファラデーは、たちまちのうちに厖大な科学知識を吸収した。ファラデーは次の20年間、王立研究所にとどまり、ここで化学や電気学における草分け的な発見のほとんどをおこなって、科学に関する有名で非常に人気のある講演者に成長し、多くの聴衆を引きつけた。47歳のとき、彼は神経衰弱になり、6年間は科学研究に戻れなかった。そのあと、新たな生産性の高揚期が約10年間続いたが、以後、彼の精神は衰えはじめた。たぶん、初期の化学実験のあいだに吸い込んだ有害物質の後遺症なのであろう。晩年の5年間は、ファラデーはハンプトン・コートに引きこもり、ヴィクトリア女王から下賜された住居に住んだ。彼が死んだのは1867年であった。

　マイケル・ファラデーは骨の髄まで実験家であったけれども、

きわめて重要な理論的概念を導入した。それは場という考え方であって、その影響は今日に至るまで物理学において多くの果実を稔らせてきたし、われわれのテーマである振動子とファラデーとを結びつけもするのである。

ニュートンは、革命的な万有引力の法則を定式化したとき、ほかのすべての人びとと同じように自らが作り出したものを受け入れがたいと感じていた。どうやって遠方にある太陽が地球に、あるいは地球が月に、接触することもなしに力を及ぼすことができるのか。このような「遠隔作用」は想像を絶していた。ファラデーは、電荷や磁極が相互に及ぼしあう力や、電流が電荷や磁極に生じさせる効果を研究していて、同じ問題に直面した。彼の新たな解法は、ある物体が離れた場所にあるもうひとつの物体に直接に影響を及ぼすという考え方の代わりに、第一の物体がある「空間の状態」を作り出すと仮定し、それが一点から次の点へという隣接的な作用で影響を伝達し、第二の物体がある場所に達してから直接に力を及ぼすというものであった。彼が思い描いたのはゴム・バンドのようなものであって、これを力線と呼んだのであるが、もちろん、これらは文字どおり実在すると考えるべきものではなかった。形はさまざまであるが、空間の条件としての電磁場、それに重力も含めた他の種類の場の概念は、いまなお、物理学のほとんどすべての分野の基礎にある基本的な考え方である。電磁場に関するファラデーの着想に欠けていたのは、この概念にその力量を十分に発揮させるような数学的定式化であったが、それを提供したのは、この大実験家が衰えはじめたとき、20代であったスコットランドの物理学者だった。

第28図　ジェイムズ・クラーク・マクスウェル。

　1831年にエジンバラの弁護士の息子として生まれたジェイムズ・クラーク・マクスウェルは，マクスウェル家の代々の領地ミドルビーにあった両親の田舎屋敷グレンレアで成長した。大変な科学好きだったジョン・クラーク・マクスウェルは，息子にも同じ道に進むように強く奨め，妻の死後，息子をエジンバラに出し

て教育を受けさせた。最初はエジンバラ・アカデミーで（15歳で彼は最初の数学論文を王立協会で発表している），ついでエジンバラ大学で教育を受けた。ケンブリッジ大学を卒業して，しばらくアバディーンのマーシャル・カレッジの自然哲学教授を務めたのち，ジェイムズ・マクスウェルはロンドンのキングズ・カレッジの自然哲学・天文学教授に任命された。父親が死んだために彼はスコットランドの家族のもとに戻ったが，そこに6年間とどまりながら，研究を続行した。40歳のとき，彼はケンブリッジに戻ってきて，実験物理学の初代教授となり，キャヴェンディッシュ研究所を創設した。1879年に彼は49歳で癌のために死んだ。

　物理学に対するマクスウェルの奥深い寄与は，天文学や気体運動論を含むいくつもの分野にまたがるが，われわれの話にとってもっとも興味を惹く分野は，そしてガリレオのに匹敵する新たな種類の振動を彼が発見することになった分野は，電気と磁気である。元来はまったく別々のものであったのに，科学のこの2つの分野はその当時には密接に関連していることが知られるようになっていた。このような理解に貢献したのは3人の科学者であった。マイケル・ファラデーは，運動する磁石が導線の内部に電流を発生させることを明らかにした。フランスの物理学者アンドレ・マリ・アンペール（1775-1836年）は，電流の流れている導線が相互に磁気力を及ぼしあうことを見いだした。そして，デンマークの物理学者ハンス・クリスティアン・エールステッド（1777-1851年）は，電流の流れている導線が磁石に力を及ぼすことを発見したのであった。マクスウェルがとりわけ興味をそそられたのは，電荷や磁極から発して電流を取り囲むファラデーの力線で

あった。完成までには何年もかかったが，彼は，ファラデーの直観の閃きから導入された場を十分に特徴づける一連の方程式を定式化し，その結果，いままで別々であった電気と磁気という2つの分野を電磁気というひとつの分野に統合した。

電気と磁気の問題に本格的に取り組む以前には，マクスウェルは色覚や光の性質に夢中になっていた。（彼は1861年に最初のカラー写真を撮った。）この頃までに，光はニュートンが考えたような粒子の流れであるとは，もはや考えられなくなっており，クリスティアン・ホイヘンスが最初に提唱したような波動現象であると認識されていた。2つの決定的な検証がおこなわれたからである。そのひとつは，1801年にイングランドの物理学者トーマス・ヤングが発見した干渉現象であった。

2つの波列が重ね合わされるとき，これらが干渉するといわれるのは，それらが位相差に応じて（第29図に見られるように）加え合わされたり，差し引かれたりすることをいうのである。（位相という概念は，第1章で生物時計に関して定義されていたことを思い出して欲しい。2つの波は，下側の図では完全に位相が合っているが，上側の図では180度だけ位相がずれている。）ヤングがおこなったのは，ある小さな穴から発した単色光に，非常に近接した2つの狭いスリットを通過させることであった。この結果として現われる像をスクリーン上で観察してみると，2つのスリットの明るい像だけではなくて，明暗の線からなる模様が見られた。彼はこの模様を，2つの光源から発した光が交互に増加的干渉と減殺的干渉をおこなって作り出した干渉縞であると解釈した。2つの光線の相対的な位相は，それぞれのスリットから

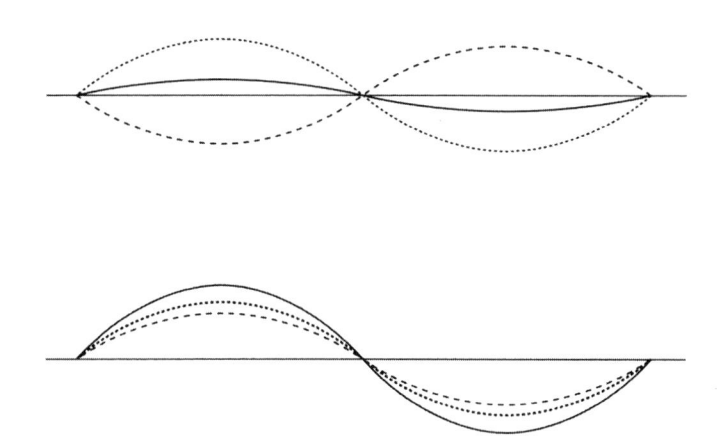

第29図　波長の等しい2つの波の干渉。下側の図は増加的干渉を，上側の図は減殺的干渉を示す。どちらの図においても，実線で描かれた曲線が他の2つの和である。

スクリーン上の与えられた点までの距離に依存して変化する。というのも，スリット上では位相が合っていた2つの波列がスクリーン上で出会うとき，より長い距離を通過してきた波の位相は他方より遅れるが，スクリーン上に見られるのはそれらの重ね合わせだからである。微小粒子の流れからは，このような像が生じることはなかったであろう。ヤングの実験は，それ以後，光の波動性を示すもっとも説得的な証明として役立ってきた。

　第二の実験は水中における光速を測定して，その結果を空気中における光速と比べるものであった。ニュートンの粒子説の予想によれば，光は，水中では空気中よりも速く伝播するはずだったが，波動説の予想は水中のほうが遅いだろうということであった。以前には光速の測定は天文学的手段によってのみおこなわれてい

たが、1850年にフーコーとフランスの物理学者アルマン・イッポリト・ルイ・フィゾー（1819-1896年）が、別々に大変な工夫を凝らして、実験室内で水中および空気中における光速を測定したのであった。そして、彼らの結果はニュートンの予言とは合わなかった。光は水中では遅くなったのである。（空気中あるいは真空中における光速は毎秒約 300,000 キロメートルであり、これこそ測定が困難な理由である。）これらの実験も波動論を是とする傾向があったけれども、その説得力はヤングの干渉縞には及ばなかった。

こういうわけで、光の性質に魅せられたマクスウェルがその全関心を電気と磁気に集中する頃までには、光ははっきり波からなっていると認められており、これらの波が真空中を動く速度 c も非常に精密に測定されていた。だが、何の波なのであろうか。音もまた波動現象であると理解されていたが、これは空気の圧縮や希薄化の波であった。光は存在するために既知の媒質を何も必要としなかったので、媒質が考え出されて、エーテルと名付けられた。それは質量もなく、観測にもかからず、いたるところに存在し、あらゆるものに浸透する物質であって、そのなかを波が伝わり、われわれが光と称するものを作り上げるというわけである。（エーテルというのは、アリストテレスが地球の上方の空間を満たしていると想定した第五元素に与えた名称であった。）音とは対照的に、光波は横波であることがわかった。つまり、振動する弦を伝わる波と同じように、光波は進行方向と 90 度をなす平面内で振動するのである（他方、音波は縦波である）。そのうえ、ファラデーが発見していたところによると、光の偏極と呼ば

れるこの平面の向きを磁場によって回転させることができたから，光は磁気と密接な関係をもっていることが明らかになった。そのうえ，c という数（真空中の光の速度）が数因子として（ともに環状導線を流れる電流とそこを貫く磁束とを関係づけている）アンペールの法則にもファラデーの法則にも登場している。そこでマクスウェルが予想したのは，自分がその性質を数学的に記述しようとしていた電場および磁場と光のあいだには切っても切れない関係があるということであった。

　エーテルの構造に関する込み入った力学的模型にもとづいて，とうとう彼はこれら2つの——それ以降，電磁場と呼ばれることになる——場を組み合わせて完全に特徴づける一組の微分方程式を書き下すことに成功し，1873年にその結果を『電気磁気概論』として刊行した。建物を組み立てるための足場として彼が用いた力学的模型は，まもなく余計なものとして廃棄されたが，彼の方程式のほうは十分に実験的に検証された理論として生き続けた。ここでわれわれは本書の主題に戻らなくてはならない。

　自由空間におけるマクスウェル方程式に対して，フーリエによって導入されたような解析をおこなってやると，任意の調和振動の振動数 f に対して波長 $L = c/f$ の正弦波解が存在することがわかる。換言すれば，マクスウェルの方程式は，万物に浸透しているエーテルのなかに調和振動が——いってみれば遍在するガリレオの振り子が——存在すると予言するのである。これらの波のうち，振動数がおよそ 0.5 から 0.7×10^9 メガヘルツ（5 から 7 億メガヘルツ），波長にして 400 ナノメートルから 700 ナノメートル（1 ナノメートルは 1 メートルの 10 億分の 1）の範囲にあるもの

は，われわれの眼に光として見えるが，その色は波長，あるいは振動数に応じて変化する。もっと振動数の低い波，いいかえれば波長がセンチメートルやメートルの領域にある波が，1890年にドイツの物理学者ハインリヒ・ヘルツ（1857-1894年）（振動数の単位は彼の名前に由来する）により実験的に発見されたが，これは現在ではラジオ波と呼ばれている。その後に発見された，ずっと波長の短い波はエックス線とかガンマ線とか呼ばれている。

　マクスウェルの偉大な業績の結果として，われわれはいまや調和振動する電磁波の振動数にもとづく時間基準を手にしているが，これらの基準はある場所から別の場所に容易に伝達できるという性質をもっている。もし火星に着陸したあとに宇宙飛行士の電子時計が正常に作動しなかったとしても，その進み具合——その1秒1秒の長さ——は，既知の振動数の電磁的信号を地球から送ってやるだけで再調整できるのである。そのうえ，これまた電磁的信号を用いて，それをグリニッジ平均時と同調させることもできる。グリニッジ天文台が正午であるときに，この時計も昼の12時を指すという具合にである。（ある惑星から別の惑星まで光が伝わるのに要する時間は無視できるほど小さくはないから——光が太陽から地球まで到達するには約8分かかる——，これは二段階に分けておこなわなければならない。まず光の信号が地球から送り出され，火星に到着するとただちに反射させて送り返される。地球上で送信時と再受信時の時間差を測定すれば，片道の伝搬に要する時間が推定できる。だから，グリニッジから正午に送り出された信号が火星に到着したとき，そこの時計が正午に光の伝搬時間を加えた時刻を示すようにしてやらなくてはならない。）

しかしながら,玉に瑕といってすませない重大な点がひとつある。エーテル仮説である。エーテルに対するマクスウェルの込み入った模型は放棄されたとはいえ,エーテルは,何らかのしかたで,あらゆる場所に存在するものとあい変わらず仮定されていた。アメリカの物理学者アルバート・A. マイケルソン(1852-1931年)とエドワード・W. モーリー(1818-1931年)は有名な実験において,地球がエーテルのなかをどれだけの速さで移動しているかを測定することにより,このエーテルを検出しようと試みた。彼らのアイディアは,潜航中の潜水艦が水中で動いている速さを決定する方法に似ていた。長さが L の船の一方の端から他端に向けて音声信号を水中で送り,信号の移動時間 T から船の速さ s を推定するのである。音は海中を一定の既知の速度 S で伝搬するから,船尾から船首に向かった信号は $T_1 = L/(S-s)$ の時間を要するはずであり,船首から船尾に向かった信号は $T_2 = L/(S+s)$ の時間を要するであろう。したがって s は $1/T_2 - 1/T_1 = 2s/L$ から容易に計算できる。同じようなやり方で,マイケルソンとモーリーは,光が一定の既知の速度 c で進むことが知られているエーテル中におけるわれわれの速度を決定しようと試みた。それは,さまざまな方向に向かう光の速度を(潜水艦の場合とは違って,われわれはエーテルに対していかなる方向に進んでいるか知らないから)注意深く(おそらく地球は光に比べてきわめてゆっくり動いているであろうから)測定して,どれだけ変化するかを調べようとするものであった。彼らが大いに落胆し,また驚いたことには,いかなる変化もまったく見いだせなかったのである。何が起こっているのであろうか。

この謎を解いたのがドイツの若き物理学者アルバート・アインシュタインであって，その解法は時間測定に，したがって時計の進み方に革命的な意味をもたらすことになった。1879年にドイツはウルムの平凡な商人の息子として生まれたアインシュタインは，一家がミュンヘンに引っ越したのでこの都市で教育を受けた。堅苦しい規律にはなじめない彼は，クラスのなかでとくに良くできるほうではなかったけれども，少しばかり遅れてチューリヒのスイス工科大学に入学することができ，1900年にここを卒業した。1年間，高校の教師として暮らしたのち，彼はベルンのスイス特許局に特許検査官として就職した（この職にはスイス市民にしてもらえるという特典があった）。彼は結婚もしたが，こちらのほうは16年後にひどい結果に終わることになろう。

　アインシュタインは暇な時間にしか物理学の研究ができなかったが，1905年という彼の驚異の年に，独創的で画期的な意義をもつ3編の論文を発表した。そのひとつは光電効果の説明であった。光電効果は8年前にヘルツによって発見されていたが，ドイツの物理学者フィリップ・レーナルト（1862-1947年）が見いだしたその奇妙な性質は，あらゆる説明の試みをはねつけていたのだった。アインシュタインのこの論文は量子論の種子を含んでいた。2つめの論文の内容はブラウン運動の説明であって，これは，液体のなかで埃のような微粒子がおこなう不規則な，巨視的に観測しうる運動を，物質が分子からできていることの，具体的で目に見える初めての証拠だとするものであった。この論文によって彼はチューリヒ大学から博士号を得た（当時，チューリヒ工科大学は博士号を与えてはいなかった）。アインシュタインの1905

第30図　ベルンの特許局におけるアインシュタイン。

年の3つめの論文は,特殊相対性理論を内容としており,時間と空間の本性にまったく新しい意味合いを与えるものであった。

　これらの論文は,最初のうちはごく少数の人にしか理解されたり評価されたりしなかったが,それでも,1909年にはチューリヒ大学の助手,1911年にはプラハ大学の正教授にならないか

という誘いが続いたあと，しまいには，1914年にベルリンのカイザー・ヴィルヘルム研究所の物理学研究所所長への任命という道を開いた。1915年にアインシュタインは一般相対性理論と呼ばれる重力理論を発表した。これはニュートンの重力理論とは異なっており，太陽重力の影響で星の光が曲げられることを予言するものであった。アインシュタイン理論で計算したこの効果の大きさが1919年の日食の間に検証されたとき——検証したのはアフリカ遠征中の英国の天文学者アーサー・エディントンであるが，この遠征は第一次世界大戦のさなかにわざわざこの目的で計画され，実行されたものであった——，アインシュタインは世界的な有名人物になった。1920年代にはユダヤ人であるという理由でドイツのナチスから悪罵を浴びせられたアインシュタインが賞賛されたのは，外国旅行のあいだであった。1933年にヒトラーが政権の座に就いたのち，彼はベルリンに戻ることを拒否し，新たにプリンストンに創設された（大部分はわざわざ彼を受け入れる目的で設立された）高等学術研究所における永久的な地位を受諾して，1955年に死ぬまでそこにとどまった。

特殊相対性理論の中心的な仮定は，真空中の光速がすべての観測者にとって同一であるというものである。これはマイケルソン－モーリーの実験における否定的結果を具体的に表現したものであるけれども，アインシュタインの後年の回想によれば，この公準の起源は，若い頃，もし光波の背中に乗ったとしたら世界はどんな風に見えるだろうかと想像したことに始まる，長大な思考過程にあった。そのためには空間と時間の本性を根本から考え直す必要があることが明かであった。もしあなたが光速 c にほぼ等

しい速度 s で移動しながら光の信号を追跡したとして，それでもなお，その信号が同一の c という速度で進むのを見るなどということがありえるであろうか。

　この謎を解消するために，アインシュタインは自分の考え方から一切の先入観を一掃し，もっとも根底的な仮定から始めることにした。物理的測定がおこなわれるあらゆる実験室——物理学者たちはこれらを基準座標系と呼ぶ——において，時間は時計により，距離は物差しにより定義される。理想的な基準座標系には，距離を目盛った格子網が張られ，互いに同調した原子時計が配置されていて，あらゆる事象の時間と位置が正しく決定できるようになっていると想定される。（原子時計は同じ進み方をすることが確かめられており，相互に光の信号をやりとりして時刻合わせをすることができる。）相互に運動している2つの基準座標系における時間および空間の測定の基盤は，それゆえ完全に独立している。つまり神の時間などというものは存在せず，時間とは時計が測定するところのものである。

　こうして舞台装置が整ったので，いまやわれわれは相異なる2つの実験室における測定結果を比べることができる。第31図には，光の信号が右方に送られる時刻 0 と，それが距離 L だけ離れた点に到着する時刻 T における動かない観測者の時計が示されている。最初には，速度 s で運動する第二の観測者の時計も時刻 0 を示すが，信号が到着するときに，そこの時計が示すのは時刻 T' である。その間にも，信号が発せられた点は動いているから，信号が移動した距離は L より小さくて，L' である。直観的には T' は T に等しいはずだといいたくもなろう。というのも，運動

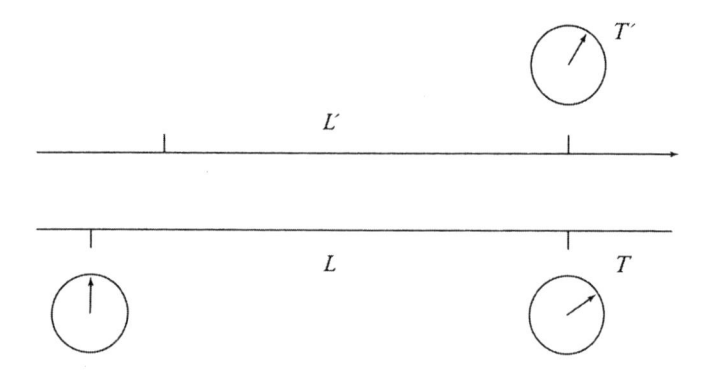

第31図　下側の図は，光の信号の出発および到着時における，静止している観測者の時計を示す。上側の図は，光の信号が到着するときの，動いている観測者の時計を示す。

している観測者のすべての時計は相互に，そして静止している観測者の時計群とも同時性を保っているからである。そこで，$L' = L - Ts$ を使って運動する観測者からみた信号の速度 $c' = L'/T$ を計算してみると，われわれは $c' = (L/T) - s = c - s$ を得る。ところが，アインシュタインの主張によれば，$c' = c$ すなわち光速はすべての観測者にとって同一でなければならないが，それが可能であるのは $T' = L'/c$ となるときに限られるから，T' は T より小さいことになる。（光によって振動させられ，光がそのなかを速度 c で移動する媒質としてのエーテルの概念は，アインシュタインの鋭利なメスのいけにえとなり，放棄されねばならなかった。）いいかえれば，動かない観測者からみて，運動する時計は遅れるのである。それだけではなくて，右方に進めば進むほど，運動する観測者からみて同時的であるように設定された時計群は，それらが

通過する静止時計群よりますます大きく遅れるようにみえるであろう（L が大きければ大きいほど，L' と L との相違もそれだけいっそう大きいからである）。いうまでもなく，このことは，静止者の観点からすると，運動する時計が同時的ではないことを意味する。ある基準系で同時に生じるようにみえる2つの事象が，運動系において記録してみると，同時には生じていないのである。

ところで，この状況が2人の観測者のあいだで完全に対称的であることに注意して欲しい。走る列車の機関車に運ばれる時計は，進路に沿って配置してある同時的な時計群を通過するにつれてますます遅れていくが，駅にある時計のほうも，列車の車掌が各車両に設置し，同時性を保つように調整した時計群に比べるとどんどん遅れていくからである。したがって，車掌は駅の時計が遅れていると結論しなければならないし，駅長のほうは機関車の時計が遅れていると結論する。（技師は，自分の時計が線路に配置した時計より遅れる理由として，それらの時計が合っていないせいだというであろうし，駅長は自分の時計が列車の時計より遅れる理由を，列車の時計がうまく調整されていないからだと説明するであろう。）

読者がこのような特殊相対性理論の帰結に驚かれるとしても，それはあなただけのことではない。今日もなお，私が編集に参加している『ジャーナル・オヴ・マセマティカル・フィジックス』に，アインシュタインが間違っていることを証明したと称して論文の掲載を求めてくる著者がときどきいるのである。けれども，この理論の意義と予言は，20世紀中に多数の実験によって非常に精密に繰り返し検証されてきた。読者はおたずねになるかもし

れない。以前にこの奇妙な結果に誰も気づかなかったのはどうしてなのかと。その答えは簡単で，問題の移動速度が光速に比してずっと小さい限り，これらの効果は極度に小さく，測定が困難だからである。なんといっても，秒速 300,000 キロメートルという光の速度は，われわれの日常生活に関係するどんな速度に比べても，大きさが桁違いなのである。通常の状況のものでは，相対論的な効果はまったく小さすぎて気づかれもしないし，大変に高精度の装置によらなければ測定することもできないのである。

　このような事態のなかで，わが愛すべき，安定性のある，振動子時計はどうなるのであろうか。アイザック・ニュートンにとっては，空間と時間は神によって定められた絶対的な実体であった。そして，彼の力学によれば，単振り子，あるいは同じ原理にもとづくほかの振動子により定義される時間の歩みは，普遍的であって，すべての観測者に平等に妥当する。しかしながら，相対性理論によれば，相対的に運動している 2 つのセシウム時計は各々が他方から遅れているとみられることになるであろう。実際，一方の時計に地球の周りを飛行させたとしたら，その時計は着陸したとき，地上に残されたほうの時計よりも遅れていることであろう。地球を 1 周する飛行機を用いた実験が実際におこなわれて，その結果が予言を確証した。この結果は「双子のパラドックス」としても知られている。長期間の高速の宇宙旅行から帰還した双子の片割れは，地球に残った者よりも若いというのである。2 人のあいだの対称性は，この場合には，飛行する時計のほうが不可避的に加速されるという事実によって破られている。振動子時計は，宇宙の任意の 2 つの場所で普遍的な割合で時間の歩みを数えるの

に役立つのであるが，それらのうちの最善のものであっても，相対的に運動している限り，永久に同時性を保たせることは不可能である。(そのうえ，一般相対性理論によれば，強い重力場もまた時間の歩みに影響を及ぼす。)

　アルバート・アインシュタインの着想のいくつかは，調和振動と時間の流れの関係に根本的な変化をもたらしたが，彼のほかの深遠な洞察はやがて，調和振動子がまったく新しい役割をもつことを理解させることになった。すなわち，調和振動子が物質の土台そのものを構成しているということである。ここまでのところ，ガリレオの振り子は，多数の重要な副次的影響を及ぼしてはいても，もっぱら時間の調整器としてだけ役立ってきた。次章でみるように，それは宇宙においてさらにもっと基本的な役割を果たすことになる。

8

量　子
振動が粒子を作る

　ガリレオの調和振動が 20 世紀の物理学において演じる基本的に新しい役割を理解するために，われわれは少しばかり回り道をしなければならない。1897 年にハインリヒ・ヘルツによって発見された光電効果は，物理学における革命を静かに開始したばかりでなく，多くの重要な技術的応用をもたらした。ヘルツが示してみせたのは，光が金属の表面に当たると，電子を放出するということであった。もしその金属が電気回路に連結されているならば，これらの電子は電流を流れさせるのである。5 年後に，フィリップ・レーナルトは，この光電効果が驚くべき性質をもっていることに気がついた。放出される電子の数は光の明るさとともに増大するのに，その速度のほうは光の色だけにしか依らない（波長が短いほど，電子の速度が速い）のである。直観と古典物理学から期待されたのは，照明の強度を上げれば，単に粒子の数が増加するだけではなくて，速度の大きな粒子が放出されることであった。

　こういう実験事実を説明できる者は誰もいなかったが，1905 年——レーナルトがこの発見でノーベル賞を授与されるまさにその年——になって初めて，アインシュタインがこの説明を提案す

る論文を発表した。そこにあるのは物理学の土台を揺るがすような考え方であった。約20年の月日が流れてアインシュタインのこの説明的論文の影響が現われはじめる頃、いまや熱烈なナチとなったレーナルトは、アインシュタインの「ユダヤの物理学」に反対し、「ゲルマン民族の物理学」を擁護する激烈な論争を開始することになる。

　レーナルトの発見に対するアインシュタインの説明は、これとは異なる状況のもとで用いられたある奇妙な考え方の再解釈にもとづいていた。もうひとりのドイツの物理学者マックス・プランク（1858-1947年）が、熱せられた「黒体」の変化にともなって放出される電磁的放射の振動数分布のしかたを説明することに成功していたが、そこには物質により放出あるいは吸収される光の振る舞いに関する抜本的な仮定が含まれていた。（黒体というのは、そこに降りかかってくる放射エネルギーを反射しないですべて吸収するような任意の存在のことをいう。星は、光を放出するそのような高温物体の例であるし、火中に置かれた灼熱した鉄片もそうである。これらの色は温度に従って変化する。）彼は物質により放出あるいは吸収される光の振る舞いについて抜本的な仮定をすることによって、たとえば火中に置かれた灼熱した鉄片の色とか空の星の色などを説明したのである。彼が実験データを説明しえたのは、古典論に丸ごと逆らって、光を放出あるいは吸収する振動分子のエネルギーが離散的な値に限られること、そして光の振動数がこれらの値に比例することを仮定したからにほかならない。のちにこの比例定数はプランク定数と呼ばれることになり、通常、hで表わされる。

アインシュタインは，この新しいアイディアを元手にして，プランクが意図しなかったようなもっと遠大な解釈にもとづいて光電効果の説明を提案したのである。その仮定というのは，振動数fの光はつねにエネルギーhfの量子という形態で存在するのであって，プランクが仮定していたように，単に放出や吸収のさいに限られるわけではないというものである。光が波からなっているという——ヤングの干渉実験以降，広く受け入れられていた——見解には反対するが，ヤングの干渉縞の説得性を否定することなしに，アインシュタインは長らく不遇をかこつていたニュートンの粒子説の新版を大胆に提唱した。どうも光は，同時に波からも粒子からもなっているという奇妙な性質をもっているようなのである。この粒子はやがて光子と呼ばれることになった。このような合いの子は直観に反するようにみえるかもしれないが，運動する時計が遅れるというアインシュタインの別のアイディアを凌ぐほどではない。とはいえ，光の本性に関する彼の理論の帰結は，特殊相対性理論の帰結と比べてさえも，はるかにずっと奥が深いものであった。事実，アインシュタイン自らが，1905年の自分の論文のうちで本当に革命的なのはこの光電効果の論文だけだと考えていた。

　古典物理学にもとづいていては説明できない実験事実がほかにも多数発見されたため，ばらばらの古典物理学の断片を似合わない量子概念でつぎはぎした過渡的な理論が登場することになった。やっと1920年代になって，基本的に新しいパラダイムが出現して，量子力学と呼ばれることになった。デンマークの科学者で，補助的かつ暫定的な量子論の提唱者としてすでに名をなして

第 32 図　1946 年ごろのエルヴィン・シュレーディンガー。

いたニールス・ボーア（1885-1962 年）に支援され，励まされていたとはいえ，量子力学の主な建設者は，ドイツ人ヴェルナー・ハイゼンベルク，オーストリア人エルヴィン・シュレーディンガー，そして英国人ポール・A. M. ディラックという 3 人の物理学者であった。老大家のアインシュタインはこれらの革新的な若者

第33図　1962年のニールス・ボーア，ヴェルナー・ハイゼンベルク，ポール・ディラック。

による大胆な仕事の哲学的な含意を喜ばなかったけれども，彼の反論は，この新理論と多数のますます増大し続ける実験結果との驚異的な一致を前にして，却下の憂き目にあった。圧倒的な成功には文句のつけようがなかったのである。

　1887年にウィーンで工場主の息子として生まれたシュレーディンガーがギムナジウムで教育を受けたとき，とくに好んだのは古代言語，数学，そして物理学であった。彼はウィーン大学で物理学の博士号を得た。彼は第一次世界大戦中にはオーストリア陸軍に砲兵将校として勤務したが，その後ドイツに移住し，さらに1921年にスイスに移って，チューリヒの物理学教授になった。新しい「波動力学」の成功が認められて，彼は1927年にプラン

クの後を襲って，ベルリンの理論物理学教授に任命され，ヒトラーが政権の座に昇る 1933 年までここにとどまった。次の 3 年間はオックスフォードのモードリン・カレッジの特別研究員として過ごしたのち，オーストリアに戻り，1938 年にドイツがオーストリアを併合するまでグラーツで勤務した。この時点で，彼はオーストリアを離れ，アイルランドのダブリン高等学術研究所の正教授になった。1956 年に，健康が衰えたシュレーディンガーはウィーン大学に戻り，故郷の人びとから暖かく迎えられた。彼は 5 年後の 1961 年に死んだ。

　シュレーディンガーより 14 歳だけ若いヴェルナー・ハイゼンベルクは，1901 年にドイツのヴュルツブルクに言語学教授の下のほうの息子として生まれた。学校では数学に（そしてピアニストとしても）傑出した才能を発揮した彼は，ミュンヘン大学で理論物理学を専攻し，1923 年に博士号を取得した。1924 年から 1926 年まで彼はコペンハーゲンでニールス・ボーアと共同研究をおこなったが，その後，ライプツィヒ大学から理論物理学教授に招聘された。彼は 1941 年にベルリンのカイザー・ヴィルヘルム研究所に移るまでここにとどまったが，この異動の目的は，原子核エネルギーを，そしておそらくは原子核爆弾を開発しようという，最終的には不首尾に終わったドイツの計画を指導するためであった。この計画のなかで彼が正確にはいかなる役割を果たしたのかについては，論争があり，まだ決着がついていない。第二次世界大戦後，ハイゼンベルクはゲッチンゲンにあったマックス・プランク物理学研究所の所長に任命された。この研究所は 1958 年にミュンヘンに移転した。彼は 1970 年までこの職にとど

まり，1976年にミュンヘンで死んだ。

　もっとも基本的な物理学理論の3人の主な建設者の，3番めにして最年少者であるポール・アドリエン・モーリス・ディラックは，1902年にブリストルで生まれた。英国人の母親とフランス語教師であったスイス人の父親の息子であった。ブリストル大学で彼は数学と哲学を専攻したが，学士号を得たのは電気工学においてであった。1923年に彼はケンブリッジ大学に移り，ここで1926年に博士論文を書き上げた。ヨーロッパ大陸を精力的に歩き回って，当時のすべての指導的物理学者に面会したのち，彼は1927年にケンブリッジのセント・ジョンズ・カレッジの研究員に選ばれ，1932年にはケンブリッジ大学の数学のルカス教授に任命された。寡黙であったけれども深い物理的洞察力を備えていた彼は，1971年にアメリカ合衆国に移住し，フロリダ州立大学の物理学教授になった。ディラックは1984年に死んだ。

　量子力学と呼ばれる壮大な新理論は，1925年にシュレーディンガーとハイゼンベルクがほぼ同時に導入した，一見したところまったく異なった2つの理論をディラックが統合したものであった。この2つはそれぞれ波動力学および行列力学と呼ばれていたが，数学的に等価であることが明らかにされたのだった。いままでに受け入れられていた物理的概念から量子力学を根本的に区別する特徴が数多くあるが，それには基礎にある哲学に関わるものもあれば，実験的予言に関わるものもある。これらのうち，われわれの目的にとってもっとも関係が深いのは，物理系のエネルギーの取り扱いである。

　気体が，太陽のなかでのように，高い温度にまで熱せられると，

その原子は光やほかの電磁波を放出するが，各化学元素が放出するのは，はっきり決まった一定の色の光である。ニュートンがしたように光にプリズムを通過させてやると，すべての振動数成分が，各元素を指紋のように特徴づけるスペクトル線の集まりに分離される。われわれが太陽や遠方の星の化学組成を知るのは，このようにしてなのである。

　いちばん軽い化学元素である水素の場合には，その原子は中心にある核とそれよりずっと軽い電子とからだけなっていることが知られている。そのスペクトル線をなすさまざまな振動数は非常に注意深く測定され，述べるのは容易だが説明するのが困難な簡単な規則に従うことがわかっていた。ボーアの偉大な功績は，いわば原子核を太陽とし，電子を衛星とする原子の惑星模型を提唱したことであった。惑星としての電子は，ある種の合理的な算術規則に従う特殊なエネルギーをもって，特殊な軌道を巡るのであった。ボーアによれば，高温になって，原子が高速で衝突すると，これらの原子はエネルギーの高い状態に蹴り上げられ——原子が「励起」されるという——，のちにエネルギーの低い準位に降りてくるのだという。電子が正常な軌道に戻るとき，原子は余剰なエネルギー E を処分するために，それと同じエネルギーの光子を放出する。プランクの関係によって，原子が放出する放射の振動数は $f = E/h$ となるであろう。したがって，放出された振動数について観測から得られた規則というのは，原子内の電子に許容されるエネルギー準位を定める法則（それに光の放出は 1 個の電子があるエネルギー準位から別の準位にひょいと飛び移ることから生じるという事実の結果である，プランクの奇妙な量子）の表

現にほかならなかった。原子が基底状態，つまり最低のエネルギー準位にあるときには，まったく安定しているから，いかなる電磁波も放出しないであろう。

　非常に巧妙な説明ではあるが，古典物理学のいかなる規則からみてもまったく筋が通らなかった。まずはじめに，どうしてこれらの軌道だけが許されるのであろうか。第二に，マクスウェルの電気力学が教えるところによれば，電子のように原子核の周りを回っている荷電粒子は電磁波を放射しなければならず，そのため絶えずエネルギーを失って，しまいには中心に向かって渦を描いて落ち込んでいくはずであった。だから，原子はこうして息絶えるまでにごくわずかの時間しか生きられないはずであった。こんな種類の反論を百も承知していたボーアは，自分の規則を天下り的に宣言するしかなかったが，これらの規則は多数の複雑なスペクトル線の観測データも通常状態にある原子の安定性も驚くほどうまく「説明する」のであった。けれども，どうしてこういう規則が成り立つのかと尋ねてみたところで，いかなる答えも返ってこなかったし，ボーアは，こういう規則を理解する土台になる首尾一貫した理論を用意してはくれなかった。

　まさにそのような一般理論を提供したのが，シュレーディンガー，ハイゼンベルク，ディラックの新しい量子力学であって，これを原子という特殊事例に適用すると，ちゃんとボーア規則を与えてくれたのである。古典力学では連続的なエネルギー領域を持つとされるどんな物理系も，「量子化される」（つまり，量子力学の一般的規則の適用を受ける）と，ある特殊な計算可能なエネルギー・スペクトルを別にして，それ以外のエネルギー値のもとで

は存在しえないように強制されることになろう。別の系にあっては，このスペクトルは連続的なエネルギー領域，あるいは離散的なエネルギー値の組，あるいはその両方からなることになるであろう。そのうえ，エネルギーを等しくする（そしてほかの変数に属する量子数も同一であるような）同種類の2つの系——たとえば2つの水素原子——はまったく識別不可能になる。「ここにあるこの原子は，さっきあそこで見た原子と同じだ」とわれわれがいえるようにしてくれるような引っ掻き傷もほかのしるしも存在しえないからである。基底状態にあるヘリウム原子は，基底状態にあるヘリウム原子であるというだけのことで，それ以外に付け加えていうべきことは何もないのである。

　この新理論は検証可能な無数の予言によって試すことができたし，以前には訳がわからなかった多くの実験データを説明することもできた。それはあらゆるテストに見事に合格した。こういう成功の重みの下にあって，量子力学が記述する「実在」に関するアインシュタインの哲学的疑念は，路傍にうち捨てられた。

　では，これを調和振動子に当てはめるとどうなるのであろうか。単振り子に関するニュートンの運動方程式を「量子化」すると，つまり新しい規則に従わせると，その全エネルギー・スペクトルは無限個のとびとびの値からなっていることがわかる。（グランドファーザー時計やいくら精巧な雲母時計を見ていても，これに気がつかないのは，許されるエネルギーのあいだの間隔が微細だからである。）そればかりでなく，この許されるエネルギーは階段状になっていて，その段差がすべて同じなのである。エネルギー準位がすべて等間隔であるということは，きわめて珍しい特徴

であって、これからみていくように、揺れるランプや船舶用クロノメーターの挙動をはるかに上回る物理的意味をもっている。

1925年のすぐあとに、ドイツの物理学者パスクアル・ヨルダン（1902-1980年）やポール・ディラックは、この新しい量子論のもとでの場の理論の運命について考えはじめた。とくに注目されたのはマクスウェル方程式であった。電磁場を記述するこれらの方程式を量子化する道筋は、まずそれらに（第7章で議論したように）フーリエが開始した解析を施すことにより、平坦にされた。そうすれば、方程式は各振動数を一成分として無限個の成分からなる物理系を記述しているとみなすことができた。そのとき、まさにマクスウェルが見いだしたように、このような各成分は調和振動子として振る舞う。このようにして彼の方程式から光波の存在が導き出されたのだった。

他方、これらの振動子に量子規則を適用してやると、各振動数について無限個のエネルギー準位が現われるが、これらの準位は、調和振動子の許容エネルギーである以上、等間隔に並んでいる。5番めから6番めの準位に昇るにも、10番めから11番めの準位に昇るのにもまったく同一のエネルギーが必要なのだから、これらの量子化された方程式の解は、すぐさま、すべてが同じ大きさのとびとびのエネルギーの塊、つまり光子の存在を記述するものだと解釈された。振動数 f の振動子が基底状態にあるときには、光子は存在しない。それが2番めの準位にある場合には、エネルギー hf の光子がひとつ存在する。6番めの準位にある場合には、そのエネルギーの光子が5個存在し、以下も同様なのである。そのうえ、これらの光子は、つねに光速 c で動くゼロ質量粒子に対

して相対性理論が要求するエネルギーと運動量とのあいだの適切な関係を厳密に満たしている。すなわち，そのエネルギーは運動量に c を乗じたものに等しい。だから，マクスウェル方程式が記述する調和振動子を古典的に取り扱うと，光の波動性が得られるのに対し，同じ振動子の量子的取り扱いがもたらすのは，光がアインシュタインの光子からなっているという結果なのである。

　電磁気は，最初は古典的に，そして約70年後には量子力学的に，場として取り扱われた初めての相互作用であるにすぎなかった。ディラックの偉大な功績は，電子に対して同様の取り扱いをおこなったことであった。この粒子について知られていたのは，その各々が正確に同量の電荷（1913年にアメリカの物理学者ロバート・アンドルー・ミリカン（1868-1953年）が測定していた値である）をもち，自分の軸の周りに回転するかのようにス・ピ・ン・と呼ばれる固有な角運動量をもっており，そのため小さな磁石のように振る舞うということであった。このあとのほうの性質は，1925年に発見されてはいたが，天下りに量子的記述にとってつけて扱うよりしかたがなかった。欠けていたのは，電子が原子の内部でも多くの実験条件のもとでも光速に近い速度で動くことを考慮して，この振る舞いを記述する量子力学的な方程式であった。それゆえ，この方程式は特殊相対性理論の要請を満たすようなものでなければならなかったが，さきにシュレーディンガーとハイゼンベルクが導入した方程式はこの要請を満たしていなかった。シュレーディンガーはこの課題に取り組んでみたが，彼が提案した相対論的方程式は，原子スペクトルの実験データを正確に説明することはできなかった。

1928年にディラックが提案した方程式は，芸術作品のように純粋に審美的根拠にもとづいて創られていた。もちろん，物理学の既知の法則や数学の規則に縛られていることはいうまでもないが。ディラックは，自分が主として審美的な基準に頼って仕事をしていたと告白していたが，驚異的な成功を収めることになった。彼の方程式は世界中の物理学者たちから非常に美しいと評価されている。しかしながら，それは書き下しておいて，感嘆して眺めるべき美的対象にとどまるものではなかった。それは役にも立ったのである。ディラック方程式は水素原子スペクトルを細部にまでわたって予言しただけではなくて，電子のスピンを自動的に正しく取り入れていた。実をいうと，調和振動子という観点からみると，それ以上のことをやってのけたのである。

　ディラックが最初からこういう見方をしていたわけではなかったが，彼の方程式は結局のところ，シュレーディンガー方程式のように波動関数を支配するというよりは，量子場を支配するものであると考えねばならなくなった。マクスウェル方程式と同様に，ディラック方程式もフーリエ分解をおこなうと都合よく一連の調和振動子の方程式に変換された。その結果，これらの方程式を「量子化」してやると，光の場合に類似した結果が得られた。すなわち，振動子のエネルギー準位が等間隔であるという事実から，ただちに粒子の存在にもとづく解釈が示唆された。これらの粒子はこんどは電子であって，質量 m の粒子に対して相対性理論が要求するエネルギー・運動量関係を正しく満たしているし，正しいスピン値や $-e$ の電荷も備えている。（通常，電子の電荷を負としているのは歴史的な偶然である。）

ところが不思議なことに，ディラック方程式は質量 m，電荷 $-e$ の粒子だけではなくて，質量が同じ m で荷電が $+e$ の粒子をも記述していた。だが，そのような粒子の存在はまだ知られていなかった。このような粒子が発見されるまでには，さして時間はかからなかった。1932 年にアメリカの物理学者カール・デイヴィッド・アンダーソン（1905-1991 年）が，このような陽電子の存在を実験的に確認したのであった。ディラックの美しい方程式は 3 連勝式馬券で大当たりしたようなものだ。特殊相対性理論を満たしていたことがひとつ，2 つめは電子のスピンを自然なしかたで取り入れていたこと（磁気モーメントの大きさにごくわずかの誤差を含んでいたことはあるにせよ），3 つめは電子の反粒子の存在を予言したことである。

　それぞれが量子場の方程式と解されたマクスウェル方程式とディラック方程式——電磁場を生じさせる電荷に対するディラック方程式，および電荷のあいだに働く力をもたらす電磁場に対するマクスウェル方程式——，この 2 つの結びつきが，その後，約 20 年がかりで完全に成熟する量子電気力学（QED）という理論の驚異的な成功の土台をなしている。第二次世界大戦直後の，アメリカの物理学者ジュリアン・シュインガー（1918-1994 年），リチャード・ファイマン（1918-1988 年），および日本の物理学者朝永振一郎（1906-1979 年）による決定的な新たな貢献があって初めて，QED は実験結果と比較できるような数値を出せるまでに成熟し，実際，驚嘆すべき精度でそれをやってのけたのであった。

　1 粒子を扱うシュレーディンガー方程式などとは対照的に，こ

れらの場の方程式が記述するのは,意のままに生成・消滅させられる不定個の量子である。意のままにとはいうものの,十分なエネルギーが使えればの話であるし(十分なエネルギーが欠けている場合でも,きわめて短時間のあいだの「仮想的な」粒子生成なら可能である),電荷保存則には従わなくてはならない。実際,高エネルギー粒子の衝突ビームを作り出す強力な加速器が建設されてからは,・・生・・成,つまり電子−陽電子対の生成という現象が無数の機会に実験施設で実験的に観測された。QEDはまた,原子スペクトルをわずかに修正する微細な効果や,たとえば磁気モーメントのような,電子の性質のあるものに生じる小さな変化をも予言した(こうして,ディラック方程式が予言する電子の磁気モーメントとその実験的測定値とのあいだのわずかな食い違いを説明した)。これらすべては,この理論によって非常に高い精度で計算することができ,実験的検証にかけられてきたが,その精度の高さときたら時には1,000億分の1に達するほどなのである。

　20世紀の後半期には,高精度の測定と信頼しうる計算との比較を可能にするという点でQEDの成功にはまだ及ばないにしても,QEDを手本にしてほかにも多くの量子場理論が組み立てられてきた。その結果,今日では,宇宙における物質の既知の構成要素はすべてさまざまな場の量子であるとみなされており,これらの量子間に働くすべての力は——その量子性がまだよく理解されていない重力を唯一の例外として——場の表われであって,この場がまた独自の量子を産み出すと考えられている。そして,これらの量子はすべて本質的には同一の数学的仕組み,つまり調和振動子の量子化から生じてくる。調和振動子のエネルギー準位の

等間隔性が粒子解釈をもたらしたのである。

　同じことが，われわれには音として聞こえる振動についても成り立つ。この振動もまた量子規則に従い，その結果，フォノンと呼ばれる粒子からなっていることがわかった。（音の振動数は光の振動数に比べてずっと小さいから，プランクの関係 $E = hf$ からわかるのは，個々のフォノンのエネルギーが光子のエネルギーに比べてはるかに小さい傾向にあるということである。）そのうえ，鶴首して待たれていたアインシュタインの一般相対性理論と量子との折り合いをつける目的で，現在注目を浴びている理論や予想は，さまざまな形での超弦理論として知られているが，これまた，その基本要素としてガリレオの単振り子の諸性質を利用している。つまり，高次元時空におけるハープの弦の振動のようなものなのである。

　揺れ動く振り子に道案内されて，長い，曲折に富んだ道を辿ってきた。この道の始まりは，安定した信頼できる時計を用いて時間を調整し，日常生活のリズムに秩序をもたらすことであった。つぎに，音楽的ハーモニーを産み出す弦，膜，フルート，オルガンパイプの振動に歩を進め，それから干渉縞を作る光波に進んだ。ついには，アインシュタインの光子やディラックの電子を経て，宇宙のすべての構成要素の原因に辿り着いた。自然が複雑で近寄りがたくみえるとしても，たいていの科学者たちを導いている信念は，自然が結局は首尾一貫してもいれば単純でもあることが明らかになるだろうというものである。さもなければ，われわれが自然の秘密をあばきだす機会に恵まれるなどということは，まずありえないであろう。ガリレオにとっては，自分が若い頃にその

等時性を発見した調和振動子が,世界のうちでもっとも基本的ですべてを包括する物理系に,そしてわれわれが自然を理解するための決定的に重要な建築用ブロックになろうなどとは,思いもよらなかったことであろう。

原　注

1　生物が記録する時間——身体のリズム
1) このような同調現象ににかかわる数学の記述に関しては，S. H. Strogatz and I. Stewart, "Coupled oscillators and biological synchronization," *Scientific American,* December 1993, pp. 102-109（S. H. ストロガツ，I. スチュアート「生物に見られるリズムの同調現象」『日経サイエンス』1994 年 2 月号，58-69 頁）を参照。また，Steven H. Strogatz, *Sync: The Emerging of Spontaneous Order* (New York: Theia, 2003) をも参照。
2) 生物時計の周期性から派生する数学的問題の議論については，A. T. Winfree, *The Geometry of Biological Time,* 2nd ed. (New York: Springer-Verlag, 2001) を参照。
3) I. Provencio et al., *Nature* 415 (31 January 2003): 493; S. Hattar et al., *Science* 295 (8 February 2002): 1065; D. M. Berson et al., *ibid.,* pp. 1070, 955; また M. Menaker, *Science* 299 (10 January 2003) をも参照。
4) もっと最近の仕事の総合報告としては，S. M. Ruppert and D. R. Weaver, "Coordination of circadian timing in mamals," *Nature* 418 (29 August 2003): 935-941 を参照。
5) ネウロスポラの概日時計の最近の研究については，C. Kramer et al., *Nature* 421 (27 February 2003): 935-941 を参照。
6) 家庭で化学実験をおこない同様の結果を得るやり方に関しては，Jearl Walker, *Scientific American,* July 1978, pp. 152-158 の「アマチュア科学者」欄を参照。

2　カレンダー——さまざまなドラマーたち
1) ストーンヘンジは女性性器に似せて作られたとする最近の推測が正しければ，当然のことながらこの構造物の目的はまったく別物であったのかもしれない。
2) 聖書によれば，イエスが蘇ったのは磔の 3 日めであるが，磔にされた

のは過ぎ越しの祭りの休日の直後であったから，復活祭を祝う日付はユダヤ暦によっているわけである。というのも，この暦では過ぎ越しの祭りが祝われるのは，春分の日以後になる太陰月の 14 日からだからである。

3 初期の時計——手作りのビート
1) R. Burlingame, *Dictator Clock: 5000 Years of Telling Tim* (New York: Macmillan, 1966), p. 63 に引用されている。

4 振り子時計——自然のビート
1) ヴェネツィアのような海運国の支配者が，ガリレオの望遠鏡の軍事面での有用性を見逃すことはなく，彼に当地の大学での無期限の職を提供した。けれども，ガリレオはこれを断って，トスカナのほうを選んだ。

5 その後の時計——どこにいてもわかる時間
1) 月の重力場に引きずられることにより地球の自転は少しずつ遅くなっているから，原子時計で定義される時間は，「協定世界時」にくらべてわずかに進み続けている。協定世界時は太陽の，したがって地球の運動をならしたものにもとづいていて，世界中の時計の標準時基準になっている。この 2 つを「同調」させるために，国際電気通信連合は，1972 年以来，協定世界時にときおり——いままでに全部で 32 回の——「閏秒」を挿入した。しかしながら，この慣行は最近になって論議を呼んでいる。"Astronomers Leap to the Defence of Extra Seconds in Time Debate," *Nature* 423 (12 June 2003): 671 を参照。

6 アイザック・ニュートン——振り子の物理学
1) ニュートンの幼友だちであった婦人からのこの引用の出所は，Richard S. Westfall, *The Life of Isaac Newton* (Cambridge: Cambridge University Press, 1993), p. 13 である。

参考文献

Audoin, Claude, and Bernard Guinot. *The Measurement of Time: Time, Frequency, and the Atomic Clock.* Cambridge: Cambridge University Press, 2001.

Barinaga, M. "New timepiece has a familiar ring." *Science* 281 (4 September 1998): 1429-1430.

Bedini, Silvio A. *The Pulse of Time.* Florence, Italy: Leo S. Olschki, 1991.

Berson, D. M., et al., "Phototransduction by retinal ganglion cells that sent the circadian clock." *Science* 295 (8 February 2002): 1070-1073.

Brady, John, ed. *Biological Timekeeping.* Cambridge: Cambridge University Press, 1982.

Brearly, Harry C. *Time Telling through the Ages.* New York: Doubleday, Page & Co, 1919.

Breasted, James Henry. "The beginnings of tume-measurement and the origin of our calendar." In *Time and Its Mysteries,* series I. New York: New York University Press, 1936, pp. 59-94.

Buijs, R. M., et al., eds. *Hypothalamic Integration of Circadian Rythm.* Progress in Brain Research, vol. III. Amsterdam: Elsevier, 1996.

Bünning, Erwin. *The Physiological Clock: Circadian Rythms and Biological Chronometry,* 3rd ed. New York: Springer Verlag, 1973（E. ビュニング『生理時計』古谷雅樹・古谷妙子訳，東京大学出版会，1977年）.

Burlingame, Roger. *Dictator Clock: 5000 Years of Telling Time.* New York: Macmillan, 1966.

Cowan, Harrison J. *Time and Its Measurement: From the Stone Age to the Nuclear Age.* Cleveland, World Publishing Co, 1958.

Edmunds, Jr., Leland N. *Cellular and Molecular Bases of Biological Clocks.* New York: Springer-Verlag, 1988.

French, A. P., ed. *Einstein: A Centenary Volume.* Cambridge: Harvard University Press, 1979（A. P. フレンチ編『アインシュタイン――科学者として人間と

して』柿内賢信ほか訳,培風館, 1981 年).

Goldbeter, A. *Biochemical Oscillations and Cellular Rhythm,* 2nd. Cambridge: Cambridge University Press, 1997.

——— "A model for circadian oscillations in the *Drosophia* period protein (PER)." *Proceedings of the Royal Society: Biological Sciences* 261 (1995): 319-324.

Golden, S. S., et al. "Cyanobacterial circadian rhythms." *Annual Review of Plant Physiology and Plant Molecular Biology* 48 (1997): 327-354.

Gonze, Didier, et al. "Robustness of circadian rhythms with respect to molecular noise." *Proceedings of National Academy od Sciences USA* 99 (2002): 673-678.

Goudsmit, S. A., and R. Clailborne, eds. *Time.* New York: Time Inc., 1966 (S. A. ハウトスミット, R. クレイボーン編『時間の測定』タイムライフブックス, 1974 年).

Hattar, S., et al. "Melanospin containing retinal ganglion cells: architecture, projections, and intrinsic photosensitivity." *Science* 295 (8 February 2002): 1065-1070.

Hendry, John. *James Clerk Maxwell and the Electromagnetic Field.* Bristol: Adam Hilger Ltd, 1986.

Hood, Peter. *How Time is Measured.* Oxford: Oxford University Press, 1969.

Jacklet, J. W. "Circadian Clock Mechanisms." In John Brady, ed., *Biological Timekeeping.* Cambridge:Cambridge University Press, 1982, pp. 173-188.

Klarreich, Erica. "Huygens's clocks revisited." *American Scientist* 90 (2002): 322-323.

Klein, D. C., R. Y. Moore, and S. M. Reppert. *Suprachiasmatic Nucleus: The Mind's Clock.* New York: Oxford University Press, 1991.

Kluge, Manfred. "Biochemical rhythms in plants." In John Brady, ed., *Biological Timekeeping.* Cambridge: Cambridge University Press, 1982, pp. 159-172.

Leloup, J.-C., and A. Goldbeter. "Modeling circadian oscillations of the PER and TIM proteins in *Drosophila*." In Y. Touitou, ed., *Biological Clocks: Mechanisms and Applications.* Amsterdam: Elsevier, 1998, pp. 81-88.

Marcus, G. J. *A Natural History of England: I, The Formative Centuries.* Boston: Little Brown and Company, 1961.

Menaker, M. "Circadian photoreception." *Science* 299 (10 January 2003): 213-214.

Moore, W. *Schrodinger: Life and Thought.* Cambridge: Cambridge University Press,

1989（W. ムーア『シュレーディンガー——その生涯と思想』小林澈郎・土佐幸子訳，培風館，1995年）．

Moore-Ede, M. C., F. M. Sulzman, and C. A. Fuller. *The Clocks That Time Us.* Cambridge: Harvard University Press, 1982.

Needham, Joseph. *Science and Civilization in China.* Cambridge: Cambridge University Press, 1954（J. ニーダム『中国の科学と文明』東畑精一・藪内清監修／礪波護ほか訳，思索社，1974〜1981年）．

Needham, J., W. Ling, and D. J. de Solla Price. *Heavenly Clockwork.* Cambridge: Cambridge University Press, 1960.

Nilsson, Martin. *Primitive Time-Reckoning.* Lund: C. W. K. Leerup, 1920.

Pais, A. *Niels Bohr's Times.* Oxford: Clarendon Press, 1991（アブラハム・パイス『ニールス・ボーアの時代』西尾成子ほか訳，みすず書房，2007年）．

Palmer, John D. The Living Clock: *The Orchestrator of Biological Rhythms.* New York: Oxford University Press, 2002（ジョン・D. パーマー『生物時計の謎をさぐる』小原孝子訳，大月書店，2003年）．

Pikovsky, A., M. Rosenblum, and J. Kurths. *Synchronization: A Universal Concept in Nonlinear Science.* New York: Cambridge University Press, 2002.

Reppert, S. M., and D. R. Weaver. "Coordination of circadian timing in mammals." *Nature* 418 (29 August 2002): 935-941.

Siffre, Michel. *Beyond Time.* New York: McGraw-Hill, 1964.

Shotwell, James T. "Time and historical perspective" (1946). In *Time and Its Mysteries,* Series III. New York: New York University Press, 1949, pp. 63-91.

Sobel, Dava. *Longitude.* New York: Walker and Co., 1955（デーヴァ・ソベル『緯度への挑戦——一秒にかけた四百年』藤井留美訳，翔泳社，1997年）．

——— *Galileo's Daughter.* New York: Walker & Company, 1999（デーヴァ・ソベル『ガリレオの娘——科学と信仰と愛についての父への手紙』田中勝彦訳, DHC，2002年）．

Sobel, Dava, and William J. H. Anndrews. *The Illustrated Longitude.* London: Fourth Estate Ltd, 1998.

Strogatz, Steven, and Ian Stewart. "Coupled oscillators and biological synchronization." *Scientific American,* December 1993, pp. 102-109（S. H. ストロガッツ，I. スチュアート「生物に見られるリズムの同調現象」『日経サイエンス』

1994年2月号, 58-69ページ).

Takahashi, J. S. "The biological clock: it's all in the genes." In R. M. Buijs et al., eds., *Hypothalamic Integration of Circadian Rhythms.* Progress in Brain Reaearch, vol. III. Amsterdam: Elsevier, 1996, pp. 5-9.

Thomas, John M. *Michael Faraday and the Royal Institution.* Bristol: Adam Hilger Ltd, 1991 (ジョン・M. トーマス『マイケル・ファラデー――天才科学者の軌跡』千原秀昭・黒田礼子訳, 東京化学同人, 1994年).

Touitou, Y., ed. *Biological Clocks: Mechanism and Applications.* Amsterdam: Elsevier, 1998.

Watson, F. R. *Sound.* New York: John Wiley & Sons, 1935.

Westfall, Richard S. *Never at Rest.* Cambridge: Cambridge University Press, 1980 (リチャード・S. ウェストフォール『アイザック・ニュートン』上下巻, 田中一郎・大谷隆昶訳, 平凡社, 1993年).

―――― *The Life of Isaac Newton.* Cambridge: Cambridge University Press, 1993.

Wever, Rutger A. *The Circadian System of Man: Results of Experiments under Temporal Isolation.* New York: Springer Verlag, 1979.

Winfree, Arthur T. *The Geometry of Biological Time,* 2nd. New York: Springer-Verlag, 2001.

―――― *The Timing of Biological Clocks.* New York: Scientific American Library, 1987 (アーサー・T. ウィンフリー『生物時計』鈴木善次・鈴木良次訳, 東京化学同人, 1992年).

図版の出所

第1図　*Lindauer Bilderbogen* no. 5, ed. Friedrich Boer (Jan Thorbecke Verlag). 許可を得て転載。

第2図　Arthur T. Winfree, *The Timing of Biological Clocks*. New York: Scientific American Library, 1987（アーサー・T. ウィンフリー『生物時計』鈴木善次・鈴木良次訳，東京化学同人，1992年）．Henry Holt and Company, LLC. の許可を得て転載。

第3図　A. Goldbeter, *Biochemical Oscillations and Cellular Rhythm* (Cambridge University Press, 1997). 許可を得て転載。

第5図　H. J. Cowan, *Time and Its Measurement: From the Stone Age to the Nuclear Age* (World Publishing Co., 1958).

第6図　Lancelot Hogben, *Science for the Citizen,* illustrated by J. F. Horrabin (W. W. Norton and Co.)（ランスロット・ホグベン『市民の科学』今野武雄訳，日本評論社，1942〜1950年）．許可を得て転載。

第7図　J. Needham et al., *Heavenly Clockwork* (Cambridge University Press, 1960). 許可を得て転載。

第8図　H. J. Cowan, *Time and Its Measurement: From the Stone Age to the Nuclear Age* (World Publishing Co., 1958).

第9図　Pierre Dubois, *Histoire de la l'Horologerie* (Administration des Moyen Ages et la Renaissance, 1849).

第10図　The Smithsonian Institution の許可を得て転載。

第11図　The Bridgeman Art Library International, New York の許可を得て転載。

第12図　Silvio Bedini, *The Pulse of Time* (Leo S. Olschki, 1991). 許可を得て転載。

第13図　P. Hood, *How Time is Measured* (Oxford University Press, 1969). 許可を得て転載。

第14図　P. Hood, *How Time is Measured* (Oxford University Press, 1969). 許可を得て転載。

第15図　The Metropolitan Museum of Art の許可を得て転載。

第16図　H. J. Cowan, *Time and Its Measurement: From the Stone Age to the Nuclear Age* (World Publishing Co., 1958).
第17図　The Naional Maritime Museum, London の許可を得て転載。
第18図　P. Hood, How Time is Measured (Oxford University Press, 1969). 許可を得て転載。
第19図　Bulova Watch Co. の許可を得て転載。
第20図　The Fellows of Trinity College, Cambridge の許可を得て転載。
第26図　F. R. Watson, Sound (Wiley & Sons, 1935).
第27図　The Royal Institution, London, UK/Bridgeman Art Library の許可を得て転載。
第28図　Cavendish Laboratory, University of Cambridge の許可を得て転載。
第30図　The Einstein Archives, Jerusalem の許可を得て転載。
第32図　Mrs. R. Braunizer の許可を得て転載。
第33図　The Niels Bohr Archives, Copenhagen, Denmark の許可を得て転載。

訳者あとがき

　原著者 R. G. ニュートンは，1926 年生まれのアメリカ合衆国の物理学者である。本書にも登場するハーヴァード大学の J. シュウィンガーの指導のもとで 1953 年に学位を取得し，つぎの 2 年間をプリンストン高等学術研究所所員として過ごしたのちは，主としてインディアナ大学で長年，研究と教育に従事した。現在は，同大学の特別名誉教授であり，アメリカ物理学会のフェローにも選ばれている。

　彼の研究分野は素粒子論，原子核理論，場の理論，数理物理学にまたがるが，とくに散乱理論に造詣が深く，1966 年に刊行された『波動と粒子の散乱理論』はこの分野の標準的な著作として現在でも版を重ねている。

　最近では，教科書や一般向けの解説書の執筆に力を注いでいる。そのうち，現在までに邦訳されているのは，

『宇宙のからくり』松浦俊輔訳，青土社，1996 年（原題 *What makes Nature Tick?*, Harvard U. P., 1993）

『科学が正しい理由』松浦俊輔訳，青土社，1999 年（原題 *The Truth of Science: Physical Theory and Reality*, Harvard U. P., 1997）

の 2 冊である。

　本書もそのような一般向け著作のひとつであって，短いページ数のうちに，時間の測定をめぐる諸問題から，調和振動子が現代物理学の最先端で果たしている役割にいたるまでの，実に豊富な

話題を，たくさんの図版の助けも借りて，楽しく通し読みできるようにまとめ上げている。高校生あたりから無理なく読めるであろうが，大学で理科系の勉強をした人々にとっても，初めて知るような歴史的事実やエピソードに事欠くことはないはずである。第 2 章で触れられている中国の暦法の場合には，参考文献にあるカウアン（H. J. Cowan）の著書の簡単な記述をさらに略述したため，やや話が粗くなっているが，日本の読者ならいくらでもそれを補う文献が見つけられるであろう。

　訳者の電子メールによる質問に迅速に回答し，必要な変更を指示してくださった原著者に感謝する。その結果は本文に取り入れたが，その箇所は明示しなかった。

　法政大学出版局の秋田公士氏ならびに，編集を担当され，さまざまな助言や援助を与えられた勝康裕氏に感謝したい。

　2010 年 7 月

豊　田　　彰

索　引

[ア 行]

アインシュタイン Einstein, Albert　78, 128ff, 131, 132, 135, 137-140, 146, 148, 152
アキュトロン　87
圧電性　88, 89
アッピウス・クラウディウス Appius Claudius　35
アーノルド Arnold, John　80
アメネムヘト Amenemhet　42
アリストテレス Aristotle　53, 97, 109, 124
アルキメデス Archimedes　42, 53
アレクサンドロス大王 Alexander the Great　14
アン女王 Queen Anne　96
アンダーソン Anderson, Carl David　150
アンドロステネス Androsthenes　14
アンペール Ampère, André Marie　121, 125
アンペールの法則　125
イスラム教徒のカレンダー　34, 37
位相のずれ　8
1週7日制　31
一般相対性理論　130, 135, 152
ヴァージ　46, 48, 59
ヴィヴィアーニ Viviani, Vincenzio　1
ヴィクトリア女王 Queen Victoria　118
ウィトルウィウス Vitruvius　109
ヴォルテール Voltaire, François-Marie Arouet　96
渦鞭毛虫　17-18
閏月の挿入　30
ウルバヌス8世 Urban VIII　54
雲母
　時計　88, 89
　結晶　87, 104
　振動子　87
H-1　76
H-2　78
H-3　78
H-4　79
液晶　88
エグランティーヌ Eglantine, Fabre d'　31
SCN　→「視交叉上核」をみよ
エジプト人のカレンダー　32
エジプト人の時間　39
エックス線　126
エディントン Eddington, Arthur　130
エーテル　124, 125, 127, 132
エデルへステイン Edelgestein, Reinier　64
エドワード3世 Edwad III　50
エールステッド Oersted, Hans Christian　121
遠隔作用　119
円錐滑車　67
黄金数　32
音の生成　112

165

オベリスク　41
オリンピア紀　33
オルガンパイプ　114, 152
音響学　109
音叉　86-88

[カ 行]
カエサル・アウグストゥス Caesar Augustus　35
角運動量の保存則　103
ガマリエル2世 Gamaliel II　34
ガリレオ・ガリレイ Galileo Galilei　1, 6, 52, 53ff, 74, 76, 87, 91, 93, 96, 97, 103, 110, 116, 121, 135, 137, 152
カルヴァン Calvin, Jean　69
カール大帝 Charlemagne　43
冠型歯車　48
管楽器　116
干渉縞　122, 124, 139, 152
ガンマ線　126
概時　20
概日　6, 7, 9-13, 16-21, 23, 24, 65
概潮汐周期　11
概年　10, 11, 16
基本振動　114
QED　→「量子電気力学」をみよ
驚異の年（ニュートン）　94
共鳴　88, 90
共鳴器　88
共鳴板　116
行列力学　143
極限閉軌道　24, 25
キルヒャー Kircher, Athanasius　111
均時差　63
近代の機械時計　81
クテシビオス Ctesibius　44
グノーモン　40
クラウディウス Claudius, Appius　35
クラードニ Chladni, Ernst　114
グラハム Graham, George　76
クラーメル Kramer, Gustav　13
グリコリシス　23
グリニッジ天文台　84, 89, 126
グリニッジ平均時（GMT）　84, 89, 126
グレゴリウス13世 Gregory XIII　36
グレゴリウス暦　36-38, 56, 93
クレプシュドラ　42-44, 52
クロノメーター　80, 147
経度委員会　74
経度賞金　74, 76, 79, 80
経度法　74
ケプラー Kepler, Johannes　54, 63
原子時計　89
ゲンマ・フリシウス Gemma Frisius　64
『光学』（ニュートン）　96
光子　139, 147, 148, 152
光電効果　117, 123, 128, 137, 139
高調波　116
ゴニオラクス・ポリエドラ　18
コノプカ Konopka, R. J.　21
コペルニクス Copernicus, Nicolaus　54
固有振動数　86-89
コロンブス Columbus, Christopher　75

[サ 行]
サイクロイド状の懸垂装置　61
サマータイム　85
シアノバクテリア　17, 24
シェイクスピア Shakespeare, William　53

ジェット・ラグ 5
GMT →「グリニッジ平均時」をみよ
ジェルベール Gerbert d'Aurillac 45, 46
ジェルマン Germain, Sophie 114
時間帯 84
時間の流れ 5, 27, 61, 62
次元解析 98
視交叉上核 20, 24
『自然哲学の数学的原理』（ニュートン） 95
GPS →「全地球測位システム」をみよ
ジャイロスコープ 103
シュウィンガー Schwinger, Julian 150
周期 8
主ゼンマイ 67, 69
ジュネーヴにおける時計の製造 69
シュメール人のカレンダー 31
シュレーディンガー Schrödinger, Erwin 125, 126, 140-143, 145, 148
小イブン・ユニス Ibn Yunis the Younger 57
ショヴェル卿 Shovell, Sir Clowdisley 73
上音 116
松果体 19
ショウジョウバエ 21, 24
植物の体内時計 14
ジョージ3世 King George III 80
シルヴェステル2世 Sylvester II 45
振動数 86, 90, 102, 105-107, 110, 115, 116, 125, 126, 138, 139, 144, 147, 152
振動の周期 98, 101, 102

水素 144
蘇頌 Su Sung 45, 47
ストラット Strutt, J. W. →「レーリー卿」をみよ
ストーンヘンジ 28
スピン 148-150
スペクトル 115, 145, 146
スペクトル線 144, 145
正弦関数 101-103, 105, 106, 113
正弦曲線 101, 106, 107
生物発光 18
セシウム 90
全地球測位システム（GPS） 80, 89
ソシゲネス Sosigenes 35

［タ 行］
第一高調波 114
対生成 151
タイド 39
太陰月 29, 30, 32, 34
ダーウィン Darwin, Francis 16
脱進機構 45, 81
タマリンドの木 14, 15
タレス Thales of Miletus 33
ダリウス大王 Darius the Great 33
チャールズ2世 Charles II 83-84
超弦理論 152
超日性の周期 10
調和振動 125
調和振動子 2, 99, 102, 103, 105, 106, 113, 116, 135, 146, 147, 149, 151-153
ツァイトゲーバー（同調因子） 17
ディラック Dirac, Paul Adrien Maurice 140, 143, 145, 147, 149-152
デーヴィ Davy, Humphry 118
デカルト Descartes, René 19, 59

電磁気　122, 148
電磁波　124, 145
電磁場　119, 125, 147, 150
同時性　132, 133
同調化　10
同調させるための刺激　17
特殊相対性理論　129, 130, 133, 139, 148
時計の位相　8
朝永振一郎　150
ドラムの振動　114
ドンディ　Dondi, Giovanni de　50-52

[ナ 行]
ナボナッサロス王　Nabonassaros　32
ナポレオン　Napoléon Bonaparte　105, 114
ニュートン　Newton, Isaac　56, 64, 93ff, 110, 119, 122-124, 130, 134, 139, 144
ニュートンの運動法則　95, 97
ヌマ・ポンピリウス　Numa Pompilius　35
ネウロスポラ　21

[ハ 行]
場　119
per　21
PER タンパク質　24, 25
ハイゼンベルク　Heisenberg, Werner　140-143, 145
発光ダイオード　89
波動方程式　113
波動力学　141, 143
バビロニア人のカレンダー　31
バビロニア人の時間　39
パラッツォ・ヴェッキオ　57, 58, 83
ハラリー　Harary, Isaac　19
ハリー　Halley, Edmund　95
ハリソン　Harrison, John　76-80
バルベリーニ枢機卿　Cardinal Barberini　54
ハルン・アッラシード　Harun al-Rashid　43
ハンムラビ王　King Hammurabi　31
ひげゼンマイ　73
ピタゴラス　Pythagoras of Samos　109, 111, 114
ビッグ・ベン　50, 86
日付変更線　85
日時計　41
ビュニング　Bunning, Erwin　16
ファイマン　Feynman, Richard　150
ファラデー　Faraday, Michael　117-119, 121, 122, 124, 125
ファラデーの法則　125
フィゾー　Fizeau, Armand Hippolyte Louis　124
フィードバック機構　23
フーコー　Foucault, Jean Bernard Léon　102, 103 124
フェリペ 3 世　Philip III　75
フェルディナンド 2 世　Ferdinand II　57
フォノン　152
フォレル　Forel, August　11
フォン・ザックス　von Sachs, Julius　16
フォン・フリッシュ　von Frisch, K.　12
双子のパラドックス　134
フック　Hooke, Robert　73, 95
プフェッファ　Pfeffer, Wilhelm　16
ブラウン運動　128
プラネタリウム　50, 51
プランク　Planck, Max　138, 139, 141,

144, 152
プランク定数　138
フランクリン Franklin, Benjamin　37, 78, 116
フーリエ Fourier, Jean Baptiste Joseph　105, 106, 113, 125, 147, 149
フーリエ係数　106
フーリエ成分　116
振り子　52, 56ff, 73, 88, 89, 91, 93, 97-101, 103, 104, 111, 116, 135, 152
ブリテン Britten, Frederick James　50
ブルーノ Bruno, Giordano　55
噴水時計　91
平均時　63
ヘヤスプリング　73
ベーリング Beling, Ingeborg　12
ベルーソフ Belousov, Boris　21
ベルーソフ‐ジャボチンスキー反応　21, 22
ヘルツ Hertz, Heinrich　86, 126, 128, 137
ベルトゥー Berthoud, Ferdinand　80
ベルヌーイ Bernoulli, Daniel　110
ヘロドトス Herodotus　33
偏極　124
ヘンライン Henlein, Peter　67
ボーア Bohr, Niels　140-142, 144, 145
ホイヘンス Huygens, Christiaan　59, 61, 66, 73, 95, 96, 99, 104, 122
ボイル Boyle, Robert　111
望遠鏡　54
宝石　81
棒てんぷ　46, 59
ボエティウス Boethius　109, 110
ポスト Post, Wiley　8
ホタル　10

[マ　行]
マイケルソン Michelson, Albert A.　127
マイケルソン‐モーリーの実験　127, 130
マクスウェル Maxwell, James Clerk　120-122, 124-127, 145, 147, 150
マヤ人のカレンダー　34
マルコ・ポーロ Marco Polo　30
水時計　42
ミモザの木　15-16
ミリカン Millikan, Robert Andrew　148
ムハンマド Muhammad　34
メトン Meton　32
メトン周期　32
メラトニン　19
メラン Mairan, Jean-Jacques de　15
メルセンヌ Mersenne, Marin　110
木星の月　54, 66, 76
モーリー Morley, Edward W.　127
モンジュ Monge, Gaspard　31

[ヤ　行]
ヤング Young, Thomas　122-124, 139
ユダヤのカレンダー　33, 37
ユリウス・カエサル Julius Caesar　35, 36
ユリウス暦　35, 56
陽電子　150, 151
ヨハネ・パウロ 2 世 John Paul II　56
ヨルダン Jordan, Pascual　147

[ラ　行]
ライプニッツ Leibniz, Gottfried Wilhelm　96
ラヴォアジエ Lavoisier, Antoine-

Laurent de　118
ラグランジュ Lagrange, Joseph-Louis　31
ラザフォード Rutherford, Ernest　78
ラジアン　101
ラジオ波　90, 91, 126
ラプラス Laplace, Pierre-Simon de　31
ラムゼス9世 Ramses IX　42
ラムゼス6世 Ramses VI　42
量子　90, 139, 145, 151, 152
量子化　145-147, 149, 151
量子電気力学　150, 151
量子場　149-151
量子力学　139, 143, 145
量子論　3, 128, 139, 144, 146, 147, 151
力線　119, 122

リンネウス Linnaeus, Carolus　14, 15
ルイ14世 Louis XIV　76
ル・ロワ Le Roy, Pierre　80
レオナルド・ダ・ヴィンチ Leonard da Vinci　57
レデルレ Lederle, Georg　57
レーナルト Lenard, Philipp　128, 137, 138
レーリー卿 Rayleigh, Lord　110, 111
レンナー Renner, Max　12
ロベスピエール Robespierre, Maximilien　105
ロムルス Romulus　34

［ワ 行］
和音　109
渡り鳥　13, 65

《叢書・ウニベルシタス 945》
ガリレオの振り子
時間のリズムから物質の生成へ

2010年10月11日　初版第1刷発行

ロジャー・ニュートン
豊田　彰 訳
発行所　財団法人　法政大学出版局
〒102-0073 東京都千代田区九段北3-2-7
電話03(5214)5540 振替00160-6-95814
組版：HUP　印刷：平文社　製本：ベル製本
© 2010

Printed in Japan

ISBN 978-4-588-00945-7

著 者

ロジャー・ニュートン (Roger G. Newton)
1926年生まれ．アメリカの物理学者．ハーヴァード大学のJ. シュウィンガーの指導のもとで1953年に学位取得．プリンストン高等学術研究所所員を経て，インディアナ大学で長年，研究と教育に従事した．現在，同大学の特別名誉教授，アメリカ物理学会フェロー．研究分野は素粒子論，原子核理論，場の理論，数理物理学に及ぶ．とくに散乱理論に造詣が深く，1966年に刊行された『波動と粒子の散乱理論』はこの分野の標準的な著作として版を重ねている．邦訳書に，『宇宙のからくり』，『科学が正しい理由』（いずれも，松浦俊輔訳，青土社刊），近著として，*How Physics Confronts Reality: Einstein Was Correct, but Bohr Won the Game* (World Scientific Publishing Co., 2009), *From Clockwork to Crapshoot: A History of Physics* (Harvard University Press, 2007) がある．

訳 者

豊田　彰 （とよだ あきら）
1936年，愛知県に生まれる．名古屋大学大学院理学研究科博士課程修了．物理学専攻．茨城大学名誉教授．訳書に，セール『白熱するもの』，『幾何学の起源』，『コミュニケーション〈ヘルメスⅠ〉』（共訳），『干渉〈ヘルメスⅡ〉』，『翻訳〈ヘルメスⅢ〉』（共訳），『分布〈ヘルメスⅣ〉』，『青春　ジュール・ヴェルヌ論』，『ルクレティウスのテキストにおける物理学の誕生』，バートン『古代占星術』，チャンドラセカール『心理と美』，ジェローム他『アインシュタインとロブソン』（以上，法政大学出版局），バシュラール『原子と直観』，『近似的認識試論』（共訳，以上，国文社）などがある．

―――― 関連の既刊書より ――――

ガリレオ研究
A. コイレ／菅谷暁 訳 ………………………………………………… 4800円

初期ギリシア科学
G. E. R. ロイド／山野耕治・山口義久 訳 ……………………………… 2800円

後期ギリシア科学　アリストテレス以後
G. E. R. ロイド／山野耕治・山口義久・金山弥平 訳 ………………… 3500円

ニュートンの宗教
F. E. マニュエル／竹本健 訳 …………………………………………… 2500円

アインシュタインと科学革命　世代論的・社会心理学的アプローチ
L. S. フォイヤー／村上陽一郎・成定薫・大谷隆昶 訳 ……………… 3800円

科学史・科学哲学研究
G. カンギレム／金森修 訳 ……………………………………………… 6800円

生命科学の歴史　イデオロギーと合理性
G. カンギレム／杉山吉弘 訳 …………………………………………… 2800円

生命の認識
G. カンギレム／杉山吉弘 訳 …………………………………………… 3400円

時間と空間
E. マッハ／野家啓一 編訳 ……………………………………………… 3200円

感覚の分析
E. マッハ／須藤吾之助・廣松渉 訳 …………………………………… 3900円

時間について
N. エリアス／井本晌二・青木誠之 訳 ………………………………… 2500円

時間の文化史　時間と空間の文化 1880-1918年（上）
S. カーン／浅野敏夫 訳 ………………………………………………… 2500円

空間の文化史　時間と空間の文化 1880-1918年（下）
S. カーン／浅野敏夫・久郷丈夫 訳 …………………………………… 3500円

情報と通信の文化史
星名定雄 著 ……………………………………………………………… 6300円

時間意識の近代　「時は金なり」の社会史
西本郁子 著 ……………………………………………………………… 4000円

＊表示価格は税別です＊